合肥工业大学图书出 项基金资助项目

绿色舒适产品设计

张　萍　著

合肥工业大学出版社

图书在版编目(CIP)数据

绿色舒适产品设计/张萍著. —合肥:合肥工业大学出版社,2022.8
ISBN 978－7－5650－5131－9

Ⅰ.①绿…　Ⅱ.①张…　Ⅲ.①产品设计　Ⅳ.①TB472

中国版本图书馆 CIP 数据核字(2021)第 263850 号

绿色舒适产品设计
LÜSE SHUSHI CHANPIN SHEJI

张　萍　著　　　　　　　　　责任编辑　孙南洋

出　版	合肥工业大学出版社	版　次	2022 年 8 月第 1 版
地　址	合肥市屯溪路 193 号	印　次	2022 年 8 月第 1 次印刷
邮　编	230009	开　本	710 毫米×1010 毫米　1/16
电　话	人文社科出版中心:0551－62903200	印　张	10.25
	营销与储运管理中心:0551－62903198	字　数	180 千字
网　址	www.hfutpress.com.cn	印　刷	安徽昶颉包装印务有限责任公司
E-mail	hfutpress@163.com	发　行	全国新华书店

ISBN 978－7－5650－5131－9　　　　　　　　定价: 39.00 元
如果有影响阅读的印装质量问题,请与出版社营销与储运管理中心联系调换。

前　言

　　人类对于人造物的需求是多层面且不断发展变化的，如此，产品设计系统也变得越来越丰富和复杂。如何构建系统中设计要素之间的协调关系而使整个系统达到平衡，以提高设计效率，保证产品性能，已成为目前设计学界普遍关注的问题。众所周知，设计中的"以人为本"及"以自然为本"的理念，在造物活动的不同阶段，均起到一定的作用。基于环境需求的产品设计，主要从环境保护、资源节约等方面进行，而基于人机需求的产品设计，更多的是从满足人对产品的需求的角度进行。实践证明，这两种角度的设计需求之间有互益共生的一面，也存在激烈的矛盾和冲突。这种矛盾和冲突，一方面来自不同的价值观念，另一方面来自设计技术的限制。围绕绿色设计、环境意识理念与基本功能需求之间的矛盾和冲突消解，国内外的专家学者作出了许多有益的尝试，取得了丰厚的成果。但关于人机需求则主要体现在人性化设计方面的研究，没有深入环境和人机需求的系统研究。面对产品的功能需求、环境需求、人机需求等多个需求层次，传统的设计方法已经很难处理得当。笔者在多年工作的基础上，对于基于环境和人机需求共生机制的绿色舒适产品的设计方法进行探讨，引入生物界中共生的理论，通过对产品内部及产品系统中各影响要素共生关系的研究，判定目标产品的人机与环境需求关系，针对多层次的需求，判定产品系统所应该具备的合理需求属性，并提出相应的解决问题的策略与方法。

　　设计的属性是由需求决定的，而需求受生存环境的影响。产品设计之始，有关需求的描述是多方面的、含糊的，甚至是矛盾的、主观的和不确定的，尤其是人的需求和环境的需求，往往具有很大的主观性、不一致性和并存性，如何让这些需求和谐共生，是产品设计中较难解决的问题。目前尚缺少系统的、规范的、易操作的方法解决这一困境，本书分析了产品舒适性需求与绿色需求之间的关系，提出绿色舒适产品系统的概念，并构建了绿色舒适产品信息结构模型；从生态学、设计伦理学和共生理论出发，寻找人的需求与自然需求之间的关联，剖析两者之间的一致性与矛盾性问题；引入生物界共生的概念，借助共生关系模型，构建产品人机需求与环境需求的共生系统模型，定义产品需求共生矩阵；根据需求共生矩阵，判断产品的需求属性。笔者把产品系统的属性分为三种，即人机-环境共生的互利共生系统、人机优先的偏利系统、绿色优先的偏利系统，并分别采用融合型 QFD-TRIZ 设计方法、TSD 法、改进的价值工程方法来解决产品设计问题。本书特别针对绿色舒适产品设计，为了解决功能需求等多层次需求、环境需求和人机需求在转化为设计参数时的矛盾和冲突，提出将 QFD 质量功能配置和 TRIZ 冲突解决理论融合，实现设计要素的优化配置。利用 QFD 质量功能配置方法，对绿色舒适产品的需求表达进行分析，转换成若干设计要素，产出设计中的技术矛盾和物理矛盾。通过 TRIZ 的冲突解决理论和创新原理的解决方法，进行矛盾与冲突的消解，提取优化的设计要素。最后，利用 Gabi 软件和体压分布实验，分别对书中应用不同方法设计的汽车座椅的舒适度和绿色度进行实验验证。实验证明，利用融合型 QFD-TRIZ 方法设计的绿色舒适座椅达到了良好的绿色度和舒适度，证明应用共生关系模型，判断产品系统属性，有针对性地解决多种需求的矛盾，可以提高设计效率，保证产品性能，同时实现产品绿色需求和人机需求的和谐共生。

本书的编写历时十余年，虽然经过多次修改，但还是未能尽如人意。由于本人水平有限，书中难免存有疏漏，请大家批评指正。本书在写作的过程中，受到合肥工业大学绿色设计研究所刘光复教授、刘志峰教授的亲自指导，以及张雷教授的大力支持，在此表示深深的谢意！十多年的探索历程，也凝聚了工业设计研究生团队的心血，尤其感谢文雅、孙沛洲、文丁丹、袁泉、张鹏博、张海峰、侯爱军等同学对本书顺利完成作出的贡献！感谢合肥工业大学出版社提供的资助。希望本书能为设计学科与交叉学科的研究提供有益的探索。

张 萍

2022 元旦于斛兵塘畔

目　　录

第 1 章　绪　论

1.1　研究背景

1.1.1　课题研究的背景

设计概念自诞生之日起，就伴随着人类从蒙昧进化到现代文明，始终以满足人类的需求而存在。随着社会的不断发展，产品的粗制滥造、设计的浮华夸张，导致了资源的消耗、环境的恶化，对人类社会的可持续性发展形成阻碍。所以，设计的含义、功能、角色以及需要满足的要求和满足需求的方式，都是当下人们应该重新审视的问题。

"设计"的含义主要包括两个方面：一是用纯粹的观念来看，设计被当作一种改造世界的构思和想法；二是用学科发展的眼光来看，把设计作为行业性的称呼。从第一个方面看，有关设计的历史可以追溯到人类产生初期，设计甚至作为人类产生的标志。从第二个方面看，设计开始于工业革命后，围绕着机械化生产进行的一种"有目的的活动"。美国国家建筑博物馆出版的《为什么设计》（*Why design*）一书中指出"设计是一连串的判断与决定"，实践证明，设计作为一种综合性的创造性活动，既包含了类似于艺术的感性创造活动，也包含了科学技术领域的理性创造活动。

有关设计一词的本义，学术界普遍认同的是美国心理学家马斯洛提出的"基本需求层次理论"，并据此进行阐述研究。马斯洛将个体成长发展的内在动力作为动机，构建人的需求系统，这里含有许多不同性质的需求，包括生理、安全、情感与归属、尊重、自我实现等 5 个级别，表明人的需求是一个递进的过程，当低层次的需求得到满足后，就会产生更高层次的需求。实践证明，设计具有多重价值，让人们的不同需求得以实现。

设计包含诸多的功利性和目的性，人们利用价值标准对现实生活的各种现象及问题进行把握，通过评价选择发展目标和行动方案。此时价值的存在体现在两个方面，一是设计被社会总体价值观所影响；另一个是设计被个体设计者或者群体的价值倾向影响。因此，设计行为不是纯粹客观性的，蕴含于设计中的理性是客观理性和主观理性的结合，在追求客观真理的同时，还追求幸福、美好、正义、善良等关于人类情感、经验、意志、想象和直观能力相关的东西。所以，设计品是人类变化的各种需求作出的智慧敏感又富有创造力的反馈，再与传统文化、社会、经济、自然环境结合，形成有机统一的整体。

第一次工业革命之后，多种多样的设计思想经历了各种的探索变化，甚至是斗争。它们的价值来源和设计目的都不尽相同，各自继承发展了文艺复兴以来的多种艺术流派、科学理性传统、经济富裕思想、人道主义思想。不管是工业设计理论还是工程设计理论都体现了这些设计中的价值和目的；而这些设计思想最大的区别往往在于设计目的和设计方法不同，而不是设计的对象不同。正是这些存在于价值和目的认识中的差异性，建立了不同种类的设计知识和理论方法。

最早的设计价值观是"以机器为本"，这是一种面向机器和技术的设计思想，机器和技术效率是其主要目的，人只是作为机器系统的一部分，或者说是一种生产工具，去适应机器。在这种设计思想中，人被当作机器，所有不便都和人操作的机器和环境的设计有着直接的关联性。以机器为本的思想仅仅考虑机器的运行，却没有从本质上研究操作者行为的特点，导致许多不良设计的产生。

设计价值观发展的第二个阶段是"以人为本"，即把人放在核心位置，充分考虑人的需求。其主要思想是让机器去适应人的各种行为特点，去适应人的知觉和认知以及动作特性等，降低人们的脑力负担，用设计对人的缺陷给予一定的弥补，归根到底，其价值标准是"人的一切"。20世纪，众多设计流派充分体现了以人为本的设计思想，如包豪斯和乌尔姆造型学院代表的现代设计思想。意大利代表的新现代设计思想，这些思想依赖"人本哲学"和"人道主义"思想，用设计的方法推动大众社会文化的发展。针对第一阶段的以机器为本的思想存在的弊端，以人为本的思想帮助人们构建了社会学模型、生理模型以及行为模型，减少人的体力负担和患职业病的概率是其核心思路。实践上，对机器和工具进行改进设计，从而让劳动组织和劳动方法适应于人体生理机能的要求，提升机器的安全可靠性。各种思维工具（如计算机）的设计中也运用了认知心理学、认知科学和各种心理学理论。①

　　进入 20 世纪以后，各种环境问题相继出现，引起人们的反思，于是，"以自然为本"的思想应运而生。这是把整个生态环境作为设计中心，将"人机–环境"相互协调作为主要目的。这种思想将人类社会生活作为自然环境的一部分，将人类未来的生存问题纳入考虑范围。比如人们熟悉的"生态环境"和"环境生态"问题，其中"人生态问题"是指人与人之间的关系（家庭关系、社会关系）变化、心理精神问题、职业病和工伤及社会问题（人口爆炸、人口老化、无节制的消费和贫困等），而环境生态的问题已是世人皆知的。这些问题让人们逐渐认识到只顾经济利益的做法是不可取的，因此，从生态角度出发建立新系统论和系统设计理论，改变之前的消费观念势在必行。直观上，生态设计的含义很浅显，但其实是一个很难定义的概念。每类产品的侧重面不同，一些产品的长期效果也不容易在短期内体现出来。总体来说，生态产品要与人友好，与环境友好。其中，与人友好是指在生理、心理、社会方面对人的身心健康有利，对改善人际关系、家庭关系、社会关系、精神心理问题以及社会问题有利。

　　工业社会中，设计的对象有一个非常广泛的范围，大到航天系统、城市规划、建筑设施、自动化工厂、机械设备、交通工具等，小到家具、文具、服饰、杯、碗、筷等生活必需品，一切为人类各种生产生活创造的"物"都属于这个范畴。过去 100 多年积累起来的经验表明，以人为本的设计思想在改变，想要从根本上解决以机器为本带来的负面影响，人类要从生态学世界观出发，对人类生活、工作、生产、城市、能源、交通、交流、消费概念等进行重新规划，必须将以自然为本的理念融入其中，进行系统设计，才能真实地反映社会和人类的需求，这也给工业产品的设计提出了更高的要求。

　　从以上阐述中可以看出，现代社会对人造物品的需求已经非常立体化，设计界也开始重新审视人与环境的共生关系，设计的功能从传统意义上较为单一地解决"物与物"的关系，发展到处理"物与人，物与物"的关系，到如今实现"人—物—环境"协调发展的复杂系统。2006 年，ICSID 将设计的任务定义为：全球道德规范（加强全球可持续性发展和环境保护，给全人类社会、个人和集体带来利益和自由）、社会道德规范（最终用户、制造者和市场经营者）、文化道德规范（在世界全球化的背景

---

　　① 李乐山．工业设计思想基础［M］．北京：中国建筑工业出版社，2001．

下支持文化的多样性）、美学（赋予产品、服务和系统以表现性的形式并与它们的内涵相协调）等方面诠释设计的核心思想。结合当前的时代背景，产品本身已经串联出一条"需求—产品—满足"的纽带关系，对设计师的道德责任感和同理心提出了更高的要求，设计的产品应当同时满足人类需求和自然需求。以自然为本的设计，从保护环境、节约资源的角度出发，始终紧紧围绕着自然；同时，有关产品的人机需求层面要求从人的需求角度出发，二者在一些方面相互共生，同时也存在矛盾。从目前的解决方案来看，往往是将精力放在如何避免二者间的矛盾上，或力求找寻一种折中的解决方案，但是二者之间存在的矛盾并没有彻底消除。设计者应当从二者间的矛盾出发，进行思考和设计工作，区分用户的需求层次，努力用理性且科学的方法解决矛盾，达到二者的和谐统一。

1.1.2 产品设计的演变历程

1.1.2.1 以机器为本的传统设计

在早期的以机器为本的产品设计中，重点落在力学、电学、热力学等工程技术类的原理设计之中，关于人机关系的解决，往往是以选拔和培训操作者的工作为主，努力使人适应于机器。在这中间，机器的地位是主导的，是人们考虑解决问题的中心内容，人处于一种被动的位置，是从属于机器的。这种人机关系中，评判的价值标准是"机器"，人是一种用来弥补机器功能缺陷的存在。因此，一些看上去简单的设计失误，才会导致很多生产第一线的人员伤亡。比如，机壳、罩、屏、门、盖等封闭性装置，看起来十分必要，但很多时候设计上考虑得并不周全。其中，非常有名的一个例子就是大家熟知的 1979 年美国三里岛核电站放射性物质的外泄事故，最终导致了高达 30 亿美元的巨额损失。事故很大程度上缘于设计存在的漏洞。

（1）显示器和控制器不全。例如：缺少能反馈堆内水位高低的仪表，操作者不能及时了解反应堆的缺水情况。

（2）布局不良。例如：一些显示器反映的是重要信息，却被安放在墙角边或者仪表板之后，很难在短时间内发现。

（3）设计时，忽略了操作者的"行为规律"。一旦发生事故，人们容易惊慌失措，从而大大增加错误操作发生的可能性，这样不仅不能采取安全措施，反而会关闭安全系统。

类似事故的发生，给设计思想带来了巨大的震动。事故把以往那种以机器为本价值观中的缺陷摆在人们面前，促使人们对于人机设计准则和设计思想进行再思考。以机器为本的设计思想把设计的关注点聚焦到机器的正常运行，而对于操作者行为本质特点的考虑十分欠缺，这是很多不良设计产生的根本原因。

1.1.2.2　以人为本的人性化设计

维克多·帕帕奈克，美国设计师兼设计理论家，出版了《为真实的世界设计》（*Design for the Real World*），后来这部设计社会学著作成为维克多·帕帕奈克的代表专著，也是世界上影响最广泛和最深刻的设计著作之一。在该书中，设计服务于商业主义而缺乏社会责任感的风气，遭到了强烈的批评，著作强调设计既要为广大人民服务，又要为保护地球的有限资源和生态平衡服务。德裔美国人威尔·伯丁提出，设计师应该要将人作为首要考虑的对象，评价设计的标准要以"人的手、眼睛和全身的尺寸"作为尺度。安德热·帕洛夫斯基（Andrzej Pawlowski），波兰工业设计师，呼吁以人为本的设计理念，指明应该由消费者来决定设计产品的功能和意义。众多的案例表明，广大设计师逐渐开始推崇以人为本的设计原则。

一般意义上，以人为本的设计有下面几层含义。

（1）设计的依据和评价要以社会大众作为主体。

（2）设计活动的主体是设计师而不是其他工具。

（3）决定和控制设计制造生产过程要以人为主体。

（4）人文、艺术、文化与科学技术相互统一。

实质上，把人的价值放在首要位置的设计才是以人为本的设计，应当通过各种手段从各个角度体现对人的关怀，让使用者、产品、环境三者之间的关系得以协调发展，衡量一切事物的根本标准是以人为中心。

二战之后，以人为本的设计思想风靡全球。在物资极度匮乏的时代背景下，面对着战争的废墟，人们的确该思考如何去重建自己的家园。乌尔姆设计学院追随包豪斯的设计精神，推崇一个当时被社会大众普遍认可的设计理念：设计特性良好、价格低廉、造型简洁。为了高度体现以人为本的教学思想，突出人性化和系统化思想的设计方法，乌尔姆设计学院在教学中特别设置了一系列包括心理学、设计背景研究及符号学在内的相关课程。

随着现代设计运动的兴起，多元化的传统文化和现代设计理念被斯堪的纳维亚风格结合运用，形成了一种有机化、充满人性化的独具特色的设计风格，充分保障了产品中的人情味。丹麦的家具设计大师波杰森说："我们所制造的东西应该是有生命的，有心脏在其中跳动……它们应该是人性化的、有生机的和温暖的。"图 1-1 所示的是人性化餐具,可以方便用户单手操作,满足一些肢体残障者的需求。图 1-2 为人性化设计的耳机,结构形态可以更好地贴合人的耳朵,方便舒适。

图 1-1　人性化餐具　　　　　　　图 1-2　人性化耳机

以人为本的理念,在 21 世纪得到了飞速的发展,提高了人们的生活水平和生活内涵,提高了物质丰富度,但同时也带来了更多的问题。全球人口不断增加,需求不断膨胀升级,但各种资源日趋匮乏,日益凸显的环境问题已经不允许无节制地满足人类的需求。如果像这样发展下去,地球上的资源与能源终将消耗殆尽,人类将面临自行毁灭。图 1-3 为各种环境污染状况。

图 1-3　各种环境污染

任何一种理论、思想体系的发展完善都是漫长的,从开始向封建王权挑战到以大多数人的幸福快乐为本的近代社会,发展到如今以整个生态系统的良性循环为核心。可持续发展的理论、绿色设计的理论、适度消费的理论正随着地球环境的日益恶化,被越来越多的人所接受。事实上,这些都是在以人为本的思想基础上向更高层次迈进的产物。21 世纪的设计应是在以人为本概念的基础上,追求更高层次的以人为本的设计,将"人"这一主体的范围扩大,充分考虑资源和环境的因素,以满足社会层面的人的需求为主要目的,使以人为本的设计走向健康可持续发展。

1.1.2.3 以自然为本的绿色设计

以自然为本，也叫以环境为本、以生态为本或绿色设计。它摒弃了"以人为中心"的设计理念，更全面地表达了设计必须充分适应人类的自然属性，追求人与自然之间和谐共生的设计理念。道家秉承的"崇尚自然，顺应自然"充分体现了人们对自然的敬畏，认为人类生于自然、成长于自然，应该在设计中体现对自然的无限崇拜之情。自古以来人们就对人与自然的关系作出了大量思考，认识较为深刻。相比于以机器为本与以人为本的设计理念，以自然为本更具有系统性、更具有远见。如图 1-4 所示的花盆，当育苗成功后，移栽时可将花盆直接埋入土壤，一段时间后，花盆可以自动降解，融入土壤，既可保护生态环境，同时可提高移栽的成活率。

图 1-4　以自然为本设计的花盆

1. 以自然为本体现可持续发展理念

以自然为本的内涵体现在 3 个方面：生态环境的可持续化、经济增长的可持续化和社会发展的可持续化。设计作为人类与自然交往的主要途径，是社会经济活动的重要形式之一，同时也是能源消耗与环境污染的主要制造者。因此，实施以自然为本是设计实现可持续的基本理念。

以自然为本的理论，不是一味地追求实用功能主义，而是站在生态环境系统的角度作出合理规划设计，充分体现设计的责任感与同理心，是一种对人类社会负责的具有长远发展观的理论思想。按照以自然为本的理论，设计需要考虑生命体与环境之间的各种关系，包括材料的来源、能量的循环、废弃物的排放与处理、对其他生命体的影响、对环境的影响等问题，要把以自然为本的设计理念放置到整个生态系统中进行考量。设计要实现可持续发展，必须调整自身的思维方式，转变设计观念，遵循以自然为本的原则。

2. 以自然为本为设计发展创造契机

"以自然为本"的设计是相对于传统设计而言，在满足人类需求的同时，让自然资源和能源得到合理利用，对生态环境给予充分保护。面对传统设计带来的负面效果，人类逐渐意识到可持续设计的重要性，要想得到长久生存与发展，首要任务是保护自然资源与生态环境，正是因为如此，可持续设计的理念必不可少。在以自然为本的思想指导下，可持续设计得到社会各界的广泛重视，众多产品应运而生，如由美国钢铁企业开发的超轻型绿色汽车，相对于普通车身，减少了 40% 的重量，更加节省制造材料，油耗更低，废弃物排放量更低，降低了对环境的污染。

3. "以自然为本"是实现社会稳定发展的手段

以自然为本为前提的可持续设计，将与环境的关系渗透到设计过程中的各阶段、各层次，充分遵循可持续发展的原则；优化资源配置，降低能耗，促进社会的可持续发展；不断改善人类生活品质，保证社会和谐、稳定发展，这些都是以自然为本可持续设计的最终目的。

20 世纪 80 年代末出现了一股设计浪潮，充分体现了人们对于生态破坏与环境污染的担忧与反思。但从当前的发展形势来看，以自然为本的设计很大程度上成为人类欲望无限扩张的一种阶段性"缓冲"。人类热衷于以自然为本设计的同时，往往会为了实现"绿色"而付出更高的代价，可以说，如此盲目狂热地追求以自然为本的设计，很可能得不偿失。例如，现在社会大力倡导的、在表面上看来没有直接危害的太阳能，其实在设备的生产制造、相关技术的开发过程中，均会产生污染，如果处理不当，对环境造成的污染更难治理。

人类追求幸福舒适的生活方式无可厚非，但是以自然为本的设计思想仍然建立在物质主义消费文化的基础上。倘若仅仅依靠设计师的努力及所谓的技术进步，永远无法走出"污染—治理—更为严重的污染"的怪圈。当人类生存受到科学技术的发展所带来的威胁后，除了寻找新的技术来制衡种种威胁外，目前还没有什么可行的解决方式。因此，要真正实现"绿色"、实现真正以自然为本，只能从人类的思想领域去寻求解决办法。改造"人"自身的观念是实现"绿色设计"的根本途径，而不是考虑通过什么方式去改造自然，即将人类对设计伦理的问题上升到观念层面进行反思。除了在道德观念上倡导可持续设计，强调人与自然的和谐共生外，更要摒弃"人类中心主义"，摒弃自然无价值的理论。只有这样，以自然为本的设计才真正得以实现。

但是，国内外的研究大多停留在广义的人性化设计层面，针对环境意识下的人机需求的研究文献并不多见。合肥工业大学人机工程实验室，多年来对环境需求和人机需求之间的关系进行研究，例如田丁（2008）通过研究环境意识与人性化之间的问题，提出二者间的矛盾，并给出了较为宏观的建议；刘龙（2014）提出利用 TRIZ 方法，解决设计中的环境需求和人机需求的矛盾；文丁丹（2016）提出人机需求的量化问题，并尝试使用 QFD 的方法进行需求重要度排序，再结合 TRIZ 方法，解决环境需求和人机需求的矛盾冲突。这些研究尽管在一定程度上缓解了二者间的矛盾，提出了一些新思路、新想法，但不能科学地、系统地从根本上解决问题，因为这些研究大都是定性的，更多的是采取一种折中的态度，或规避或缓和矛盾冲突。

1.2　绿色产品设计的研究与发展

1.2.1　绿色设计的概念

绿色设计，也称环境设计、生命周期设计或环境意识设计等，由丹麦工业大学 Leo Alting 教授于 1993 年提出，并在此基础上，提出了绿色设计模式，力求对环境、职业健康、资源消耗等影响降低到最小。[①]

绿色设计贯穿于产品从设计到生产、从摇篮到再现的整个生命周期。其概念和宗旨是在产品最初的设计阶段就考虑到与耗材、工艺等相关的环境因素和预防污染的种种措施，以产品的环境适应性和亲和性作为设计的目标和动力，将产品对于环境的影响降低到最低程度。总而言之，若要达到节约资源、减少污染、保护环境的目的，应该在最初产品设计与选择制

---

① 刘志峰，刘光复. 绿色设计［M］. 北京：机械工业出版社，1999.

造工艺的时候就进行相关方面的考量。若是选择"先污染，后治理"的方式，当产品设计和生产过程对环境已经造成不可逆转的不良影响时，再采取补救措施则为时已晚。

绿色设计与传统设计密不可分，它是从传统设计中衍化而来，也有着更高一层的含义，传达出设计对于环境的责任和担当。在产品的整个生命周期中，从最初的概念设计，到工艺试验、生产制造、使用方式设定，到后期回收及报废处理重置阶段，都应以环境友好型设计为目标，融入绿色设计的理念，使其贯彻整个产品的开发制造流程。总的来说，设计师应站在更高的角度，用更加长远的眼光，以科学发展、可持续发展的要求对产品生命周期进行考量。对于不同阶段的产品开发作出合理的规划与系统性的分析评价，将对环境的影响尽可能降到最低。在技术水平、时代背景、设计元素等诸多因素的综合作用之下，即使设计时考虑得面面俱到，仍有一些工艺难以做到完全绿色。如某些材料由于硬度或加工方式特殊难以加工，又难以寻找到理想的替代品，但通过在开发过程中融入绿色设计的理念，可以尽可能降低产品结构工艺中的非绿色程度。

绿色设计主要有以下特点。

（1）绿色设计是环境友好型设计，对于保护环境、维持生态系统平衡具有重要作用。之所以说绿色设计来源于传统设计又高于传统设计，是因为其设计过程中将产品的环境需求纳入分析指标，做到从源头上把控产品对于环境的影响，减少废弃物的产生，达到环境保护的目的。

（2）绿色设计拓展了产品的生命周期。传统产品生命周期包括从"产品制造到投入使用及报废"的各个阶段，即"从摇篮到坟墓"的过程。而绿色设计是用更为长远的眼光考虑产品的全生命周期，在设计的推进过程中从更为宏观和掌握大局的角度来看待产品和环境之间的关系与问题所在，从而妥善处理产品开发过程中的原材料的选取、工艺的处理，以及废弃物的回收等问题，便于绿色设计的整体优化。

（3）绿色设计是动态设计过程。如图1-5所示，Hart Brezet 将绿色设计过程分为4个动态阶段：第一阶段为产品提高，第二阶段为产品再设计，第三阶段为产品功能创新，第四阶段为产品系统创新。从中可以看出，绿色化在产品设计过程中的由浅入深、层层递进的关系，实现从部分

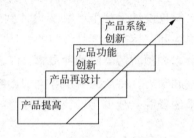

图1-5 绿色设计过程

到系统、从简单到复杂、从渐进创新到根本创新逐渐深入的动态过程。①

（4）设计人员作为绿色设计的主体，需要掌握一定的绿色设计知识。在绿色设计过程中，设计人员要综合考虑用户需求、社会需求等多方面内容，将其与产品设计的过程统一结合起来。由于设计人员在产品设计、生产过程中扮演着至关重要的角色，所以必须加强素质培养和知识积累。

在前期的设计阶段就将产品的环境性作为重要考虑因素，可以最大限度地减少产品在生命周期中对环境的影响与危害，同时起到预测的作用。绿色设计能够有效改善产品的环境性能，早在 20 世纪 90 年代中期，产品设计领域就开展了对绿色设计相关理论方法的研究，特别是在一些发达国家，开展此类研究更早，可以为我们提供相关借鉴。

1.2.2　绿色产品设计的概念及定义

绿色产品设计，是指在保证产品的功能、质量等前提下，综合考虑环境影响和资源效率的现代设计方法。它是产品从设计、制造、使用到报废整个生命周期中不产生环境污染或环境污染最小化，符合环境保护要求，对生态环境无害或危害极小，资源利用率最高，能源消耗最低的设计技术。②

目前，一方面，人类处理固态垃圾的能力已经快达到极限，如不采取一定的措施，必将造成严重的环境污染；另一方面，大量新产品的需求，将消耗大量的能源和原材料，导致自然资源趋于紧张，长此以往，将会严重影响地球的生态环境。面临这样的环保要求，必须有一种新的设计方法学，即如何设计产品、设计怎样的产品与其相适应。绿色产品设计在这种情况下应运而生，如何在产品设计中考虑其对环境的影响已成为近年来研究的热点。面向产品生命周期的设计是该领域较集中的一个研究方向。传统的产品设计过程是一个开环系统，即原料—工业生产—产品使用—报废—弃入环境，它是依靠大量消耗资源和破坏环境为代价的工业发展模式，只追求产品的基本属性（功能、质量、成本），而不考虑或很少考虑环境属性，出现环境污染就采用末端治理的办法。按传统设计生产的产品，在其使用寿命结束后就成为一堆废弃的垃圾，回收利用率低，资源、能源浪费严重，特别是其中的有毒有害物质，会严重污染生态环境，影响人类的生活质量和生产发展的可持续性。

①　刘志峰，刘光复. 绿色设计［M］. 北京：机械工业出版社，1999.
②　刘光复，刘志峰，李钢. 绿色设计与绿色制造［M］. 北京：机械工业出版社，2000.

绿色产品设计是从产品需求、设计、制造、销售、使用、废弃、回收到再生等整体考虑，把产品视为与人类共存的生命体，考虑生命周期内每一个阶段产品与人和环境的相互影响，产品生命周期内各个阶段都对环境给予关注。它涉及许多学科和技术，如材料、环境化学、无污染工艺、回收技术等。如何将这种绿色设计思想贯彻到一般的产品设计开发过程中，以便形成一个切实可行的绿色产品设计过程，这是绿色产品设计得以实现和普遍应用的关键所在。对于设计而言，3R 理念即 Recycle（再循环）、Reuse（再利用）、Reduce（减量）是绿色产品设计的核心。3R 理念就是在进行产品设计时充分考虑产品原材料的特点和产品各部分零件容易拆卸，使产品废弃时能将材料或未损坏的零部件进行回收、再循环或再利用。而"减量"的含义是在设计开发之初，尽量减少资源的利用量，将生产产品所需要的材料降到最低限度。在造型设计时要尽量做到简洁、明快、适度，细节设计要质朴而不乏精致，体现出高雅的设计品位。把绿色设计作为产品生产的策略，为企业创造一个"量少、质精和避免对环境造成污染"的绿色设计的文化。

1.2.3　绿色产品设计的内容及方法

绿色产品设计的主要内容包括：绿色产品设计的材料选择、面向拆卸性设计、回收性设计、面向制造和装配设计、产品的成本分析、寿命周期评估等。

1.2.3.1　绿色产品设计的材料选择

材料选择是绿色产品设计不可缺少的组成部分，是产品开发过程中的最早最重要的设计决策，同时又是一种重要手段。因此，绿色产品设计要求设计人员改变传统的选材程序和步骤，选材时不仅要考虑产品的使用要求和性能，更要优先考虑产品的环境性能，优先考虑材料本身制备过程中低能耗、少污染且产品报废后材料便于回收再生重用或易于降解的，具有良好环境协调性的绿色材料。具体的措施包括选用可回收再生的材料、节能型材料、可降解材料、环境友善型元件，减少产品中所使用的材料的品种等。

绿色材料这个概念是在 1988 年第一届国际材料会议上被首次提出的，并被定位为 21 世纪人类要实现的目标材料之一。王秀峰（1994）是国内较早研究绿色材料的学者[①]，如今绿色材料在产品界各个方面受到广泛的

---

① 王秀峰. 绿色材料［J］. 科技导报，1994（9）：44-45.

应用。2017 年 6 月 22—24 日在北京举行"循环经济下的绿色材料及加工国际论坛"，论坛共同交流探讨循环经济下的绿色材料及其加工技术的最新成果和发展动向，为新材料及其绿色加工技术的发展与创新奠定了重要的基础。

1.2.3.2　面向拆卸性设计

传统的设计方法一般只考虑零部件的装配性，很少考虑产品的拆卸性。而绿色产品设计则要求把可拆卸性作为产品结构设计的一项评价准则，使产品在报废以后其零部件能够高效地不被破坏地拆卸下来，从而有利于零部件的重新利用或进行材料循环再生，达到既节省材料又保护环境的目的。因此，面向拆卸性设计成为绿色产品设计的重要内容之一，引起了许多研究人员的重视，并进行了深入的研究。近来，面向拆卸性设计的研究集中在以下几个方面：①总的设计原则的建立；②面向拆卸性设计的软件工具的开发；③拆卸和再循环的经济性和环境后果分析；④拆卸深度的研究；⑤拆卸顺序优化及其与经济效益最大化的关系分析；⑥起源于面向装配设计分析的再设计建议与可拆卸性设计的兼容性分析等，这方面的成果已在应用中取得了显著的效益，如德国的巴伐利亚汽车制造厂（BMW）将面向拆卸性设计应用于 Z1 赛车的车门和缓冲杆的制造中，美国卡内基梅隆大学开发了一款名为 Restar 的软件工具来分析拆卸任务。

1.2.3.3　回收性设计

回收性设计是指在进行产品设计时充分考虑产品的各种材料组分的回收再用的可能性、回收处理方法（再生、降解等）、回收费用等与产品回收有关的一系列问题，从而达到节约材料、减少浪费、对环境污染最小的目的的一种设计方法。回收性设计的研究主要集中在以下几个方面：①可回收材料的识别及标志；②回收处理方法的研究；③回收性设计的设计原则研究；④可回收性的结构设计；⑤回收的经济分析，这是产品零件回收的决定性因素。

刘志峰（1999）提出了产品可回收性设计的概念与内容，并根据国内外的研究现状，论述了产品可回收设计的途径和方法。回收性设计与可持续发展有着紧密联系，中国发展按下了生态文明建设的"快进键"，面对愈发严重的资源缺乏问题，可持续设计理念在产品设计中显得尤为关键。[①]

1.2.3.4　面向制造和装配的设计

面向制造和装配的设计是一种使产品更容易制造和装配的设计方法，

---

① 刘志峰，刘光复. 绿色设计 ［M］. 北京：机械工业出版社，2000.

它提供了一种从装配和制造的观点分析设计方案的系统化方法，能使产品更简化，装配和制造费用更少。面向制造和装配的设计是在产品的设计阶段就尽早地考虑与产品制造和装配有关的约束（如可制造性、可装配性），全面评价产品和工艺设计，同时提供改进的设计反馈信息。1988 年，美国国家防御分析研究所完整地提出了并行工程的概念，即并行工程是集成地、并行地设计产品及其相关过程（包括制造过程和支持过程）的系统方法。面向制造和装配的设计是并行工程关键技术的重要组成部分，应用于产品开发、制造、装配、检测、维护、报废处理等各个阶段。

1.2.3.5　产品的成本分析

绿色产品设计中的成本分析与传统的成本分析截然不同，由于在产品设计的初期，就必须考虑产品的回收、再利用等性能，因此，在进行成本分析时，就必须考虑污染物的替代、产品拆卸、重复利用成本、特殊产品相应的环境成本等。对企业来说，是否支出环保费用，也会形成企业间产品成本的差异，因此，进行绿色设计时，应在作出每一设计选择时进行成本分析，以使产品更加"绿色化"，达到追求环境效益与经济效益双赢的目的。

企业成本管理以企业的全局为对象，产品的成本分析与管理也如此，李亚光（2013）在《企业产品成本系统设计选择研究》书中指出，产品成本系统复杂度的确定是企业产品成本系统设计的核心，产品成本系统复杂度和有效性的影响因素是企业产品成本系统设计选择的问题焦点，通过理论分析分别构建了产品成本系统复杂度和产品成本系统有效性影响因素的概念模型。

1.2.3.6　生命周期评估

生命周期评估是绿色产品设计的一项重要的内容之一。生命周期评估能够量化一个产品贯穿其整个产品生命周期的对环境的影响，并提供改进的指导原则，因此，生命周期评估被认为是支持绿色产品设计的核心工具。生命周期评估对一个特定产品的分析包括以下 4 个方面的内容：①定义目标和范围，包括定义生命周期评估的目标，建立所研究产品的功能单元，设定生命周期评估的边界等；②详细目录，包括确定产品各个生命周期阶段的全部输入（能源、原材料）和全部输出（产品、副产品、废弃物等）的基础数据，并进行量化；③影响因素评价，对量化的基础数据进行分析，将其转换成有关的对环境有关的测量数据；④结果评价，对各影响因素造成最严重的环境问题的结果进行评估，并提出改进设计的策略。

全生命周期评价法是国际上全面接受认可的用于评价环境影响的技

术，该方法能够评估整个生命周期的材料性能，从制造、运输、使用、循环到处理等。Raja Chowdhury 等（2010）采用全生命周期评价法对公路建筑材料的环境影响进行了评估。Ichak Adizes（2017）的《企业生命周期》一书，以系统的方法巧妙地把企业生命周期与产品生命周期连接起来，阐述了产品设计与企业发展的紧密性，对企业中产品全生命周期设计起指导作用。《产品生命周期设计——中国制造绿色发展的必由之路》是顾新建、顾复（2017）的著作，书中明确提出产品生命周期设计是绿色发展的关键技术之一。

1.3 人机工程理论在产品设计中的应用

1.3.1 人机工程学概述

劳动在设计概念的产生过程中扮演着重要的角色。在远古时代，人类需要在十分严酷的环境中生存，面对洪水、严寒等自然灾害以及野兽的侵袭，为了生存下去必须坚持不懈地与自然界作斗争。而人类早期的设计工作，正是以自然威胁为背景，以保护自身生命安全为目的展开的。最初人类能够使用的工具只有天然的石块或是木棍，而后在不断进化与演变之后渐渐学会了从石块中进行挑选，制作成石器，用来满足敲、刮、割、砸的要求；因此，以获得能够满足生存基本需求的工具为基础，诞生了人类的设计。

在最基本的生存需求得到照顾与满足之后，慢慢出现了其他的各种需求；而满足原有需求的方式也得到了更新换代，发展出更为先进的方式。对于食物和危险的担忧以及防范逐渐弱化的同时，人类对于更加舒适的生活的渴望愈加强烈，开始重视自己的感情，追求情感上的满足。正是这种需求的转变使得设计的职能开始由保障最基本的生存发展向追求美好生活的转变。

随着社会物质的丰富和人类思想境界的提升，除了产品的使用价值，其附加价值，如美学价值、情感价值、个性化价值等也越来越被重视，凸显出设计中的人性化的部分。

人是设计的对象和主体，因此，产品设计应该站在人的角度，以人为原点展开。人机关系是设计中必须考虑的因素，只有合理的人机关系才能让设计，乃至技术更好地为人服务，满足人的需求。

人机工程学是一门年轻而富有活力的科学，作为一门势头正盛的多学科交叉的学科，其研究方法和评价手段涉及多个领域，例如心理学、生理学、人体测量学、美学和工程技术学等。人机工程学在发展过程中，各种学科与学科之间的壁垒被逐步打破，相关的理论知识不断融合，使其自身的理论体系、研究方法以及技术标准和规范得以完善，使得人机工程学作为综合性边缘学科具有极其广泛的研究和应用范围。

学科有多种命名方式，定义也不尽相同，并且随着科学的进步与发展不断调整与优化。其中，国际人类工效学协会的定义，反映了已经相对成熟的人机工程学的学科思想：人机工程学是研究人在某种工作环境中的解剖学、生理学和心理学等方面的各种因素，研究人和机器及环境的相互作用，研究在工作中、家庭生活中和休假时怎样统一考虑工作效率、人的健康、安全和舒适等问题的学科。①

定义分别对人机工程学的研究对象、研究目的和研究内容作出了明确释义。首先，人机工程学具有较强的学科综合性，其研究对象涉及除了设计之外的其他多个领域；其次，人机工程学是研究"人-机-工作环境"的最佳匹配，人机系统的优化；最后，人机工程学的研究目的是从人的角度出发，在器物的设计中考虑效率、健康等因素，以求达到"人-机"的系统平衡。人机系统如图1-6所示。

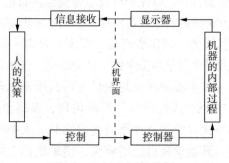

图1-6 人机系统简图

值得注意的是，在提到人机工程学的设计目的时，对于"安全、舒适、高效"的目标，只表明应该"考虑"而没有说"确保"和"尽量达到"。这是由于设计受到多方面条件的限制，其目标也会因时因地产生差异。而优秀的设计，能够在不同的对象、不同的条件限制和不同的设计目标之间寻找到平衡点。人机工程学的设计中所追求的"安全、舒适、高

① 丁玉兰. 人机工程学 [M]. 北京：北京理工大学出版社，2017：5-15，150-180.

效"无疑有着重要地位，但同时也受到其他目标和条件的约束与制衡，其他目标的制衡，不但不是唯一的，也未必总是优先的。

1.3.2 人机工程学的研究内容

人机工程学作为一门新兴边缘科学，运用生理学、心理学和医学等有关科学知识，研究组成人机系统的机器和人的相互关系，达到提高整个系统工效的目标。在设计人机系统时，考虑人的特性和能力，以及人受机器、作业和环境条件的限制；同时研究人的训练、人机系统设计和开发，以及同人机系统有关的生物学或医学问题。

人、机、工作环境是构成人机系统的"三大要素"，可以看成是人机系统中三个相对独立的子系统，分别属于行为科学、技术科学和环境科学的研究范畴。以这三大要素作为基本结构，不仅重视对三大要素本身性能的分析，而且更重视三大要素之间的相互关系、相互作用、相互影响以及协调方式的研究，以便有效地发挥人的作用并为操作者提供安全和舒适的环境，从而达到提高工作效率的根本目的。围绕这一目的，着重研究以下几个方面的问题。

1.3.2.1 人

以人为本，以研究人的行为特征及器官的功能为前提。例如，研究人体静态测量尺寸、动态测量尺寸以及人体四肢向不同方向伸展时达到的范围；研究人体各部分的出力、动作速度、频率以及习惯动作等；分析人体对各种负荷的反应速度、适应能力以及怎样工作才能减少疲劳和能量消耗；研究人体对各种环境因素的生理反应和承受限度；研究人在系统中的可靠性、人为差错率及其影响因素，以及人在劳动中的最佳心理条件等。这样才能有的放矢，设计出符合人生理、心理特点的设备、机械或工具，操作者才能在操纵时处于舒适的状态和适宜的环境之中，更有效地做功。

1.3.2.2 机

研究机器系统中直接由人操作或使用的部件设计，如各种显示器、操纵器、控制台、座椅、环境照明等，都必须适合于人的使用。例如，怎样设计仪表才能保证操作者看得清晰、认读迅速、误读率低；又如怎样设计操纵器，才能使操纵者使用时得心应手、方便、省力而又高效等。

1.3.2.3 环境

随着现代化技术和工业生产的发展，作业现场将会出现各种各样有害的环境条件，例如高温、低温、照明、振动、噪声、污染、辐射以及气压变化等。为了控制作业中有害的环境因素，以保障操作者的安全、健康、舒适，并保证生产的高效,需要采取一系列的措施来改善和控制这些有害的环境条件。因此,必须研究和设计各种有害环境控制设备和保障人身安全的装置。

1.3.2.4　研究人机系统的整体设计

为了提高人与机所构成的系统效能,除了必须使机器系统的各个部分(包括它的环境系统)都适合人的要求外,还必须解决人机系统中人和机器的职能如何合理分工和相互配合的问题,即研究机器和人的各自特点,分析人机系统中哪些工作适合于机器承担,哪些工作适合于人担任,二者如何合理配合,人和机器之间如何交换信息等。不论人和机的结合方式如何,人与机之间的关系都可以用简化模型描述。

1.3.2.5　人机界面设计

当机器运转时,它的工作状态由显示装置显示出来,操作人员感知显示器上的指示信息和变化,经过大脑思考分析,并作出相应决策;再通过手、脚等操作控制器,实现对机器运转过程的调整。这是一个封闭的人机系统,在这个系统模型中,人与机器之间存在着相互作用的界面,称为人机界面,人与机器之间的信息交流和控制活动都发生在人机界面上。人机界面的设计直接关系到人机关系的合理性,而研究人机界面则主要涉及两个问题,即显示与控制。好的人机界面美观易懂,操作简单,且具有引导功能,操作者感觉愉快,可增强兴趣,从而提高效率。

以计算机为代表的数码产品,由硬件系统、软件系统和人共同构成人机系统,人与硬件、软件结合而构成了硬件人机界面和软件人机界面。人机界面设计处理的是人与硬件界面、人与软件界面的关系,而硬件界面与软件界面之间的关系则可通过计算机技术来解决。

硬件人机界面设计主要是指在人机交互过程中硬件产品的设计,包括计算机和数码产品的造型设计,其中信息输入设备有键盘、鼠标、光笔、跟踪球、触摸式屏幕、操纵杆、图形输入仪、声音输入设备、数据手套、视线跟踪器等,信息输出设备有屏幕显示器、投影仪、头盔显示器、声音输出设备、电视眼镜、打印机等。软件人机界面设计,传统的有命令语言、菜单、填表界面等。随着多媒体技术的发展,出现了图形用户界面,用自然语言进行人机交互及体感方式等,其设计要求是人机界面应保持简单、自然、友好、方便、一致。

1.3.3　人机工程设计应用

1.3.3.1　人机工程设计思想演变

从哲学层面来看,人机工程学产生于"事物内部的矛盾"。人与物

（工具）之间关系的矛盾运动促进人机工程学的更新发展。从最初"适应人的设计"到后来"为人的思维的设计"，再到目前对人与环境的心理关系的关注。当今时代，信息化浪潮迎面而来，科技重新定义了人们的生产和生活方式，人逐渐摆脱机器的限制，呈现出相互匹配适应的"弹性"人机关系。专家指出，未来人机工程学的发展，将倡导人、机、环境系统一体化的设计理念。

面对信息时代的大量变革，人机工程学的研究呈现出多学科交叉的态势，其理论内涵与方法不断丰富。20 世纪 80 年代，著名科学家钱学森在系统科学思想的指导下，在载人航天研究的实践中，结合人机工程学理论，提出综合性边缘技术科学——人机环境系统工程。在以人为本的设计浪潮下，人机工程学更加关注对于设计师和使用者的心理研究，产品除了满足正常使用功能之外，还须提供更丰富的情感体验，寻求人造物对使用者的身、心具有良好的亲和性与匹配。"人机工程教育学"的理论，提出改善人机工程学教育领域中的教学及学习环境问题；"参与式人机工程学"的理论与方法，期望提高产品质量与工作业绩。计算机技术的迅猛发展，为人机工程学的研究手段和评价方法提供了新的可能性。如虚拟人体模型、虚拟环境空间、人机界面技术等。[①] 罗仕鉴、孙守迁、唐明晰等（2005）基于计算机辅助人机工程设计的技术，提出了面向工作空间的虚拟人体模型的方法[②]；李昶、王小平、余隋怀等（2011）进行家电产品的人机工程设计与检测技术研究，依据传统的虚拟人体建模方法，提出了一种虚拟人快速几何建模方法[③]。在人机界面设计方面，袁树植、高虹霓、王崴等（2017）提出基于感性工学的人机界面多意象评价方法[④]；祁丽霞（2014）提出一种基于操作姿态的农业装备人机操作界面评价计算方法[⑤]；哈尔滨工程大学的颜声远、张志俭、彭敏俊等（2005）提出了多仪表综合

① 丁玉兰. 人机工程学 [M]. 北京：北京理工大学出版，2017.

② 罗仕鉴，孙守迁，唐明晰，等. 计算机辅助人机工程设计研究 [J]. 浙江大学学报（工学版），2005（6）：805-809，829.

③ 李昶，王小平，余隋怀，等. 面向家电产品的人机工程设计与检测技术研究 [J]. 现代制造工程，2011（1）：97-101.

④ 袁树植，高虹霓，王崴，等. 基于感性工学的人机界面多意象评价 [J]. 工程设计学报，2017，24（5）：523-529.

⑤ 祁丽霞. 农业装备人机操作界面评价计算方法研究 [J]. 中国农业大学学报，2014，19（5）：192-196.

显示系统人机界面的动态仿真虚拟评价方法和人机界面设计评价的实时交互方法①。

1.3.3.2 "人与机器的关系"——设施或产品的设计

人类各种生产与生活所创造的一切"物",在设计与制造时,都需要考虑"人的因素"。人机工程学为设计中考虑"人的因素"提供具体的人体尺度参数,为"物"的功能合理性提供科学依据,有效解决"物"与人相关的各种功能的最优化,实现人造物对使用者的身、心具有良好的亲和性与匹配,协调"人与机器的关系"。简而言之,即运用人机工程学原理对产品进行改良性设计,使之更符合人体特性。国外出版的众多著作,如 *International Journal of IndustrialErgonomics*、*Applied Ergonomics*、*Ergonomics*、*Human Factors and Ergonomicsin Manufacturing* 等,都为人机工程学在产品设计中的实际应用提供方法指导。秦沛阳(2017)利用 CATIA 人机工程模块对海军操作员的作业姿态进行了模拟仿真测试与评价,不断优化人机交互绩效②;章勇、徐伯初、支锦亦等(2016)应用人机工程学理论和方法,以 Jack 软件为工具,创建虚拟人体模型对高速列车旋转座椅进行空间舒适性分析和人机功能校核,以此优化设计③。

1.3.3.3 "协调人与环境的关系"——环境的设计

目前,人机工程研究已经开始关注人与环境的心理关系,在设计中充分考虑环境因素的作用与限制。此处的环境主要是指人们周围的物理环境,例如热环境、照明、噪声、湿度、振动、色彩及其他影响舒适的因素。探讨人体对环境中各种物理、化学因素的反应和适应能力,分析声、光、热、振动、气体等环境因素对人体的生理、心理及工作效率的影响程度,确定人在生产和生活中所处环境的舒适范围和安全限度,保证人体的健康、安全、舒适和高效,为设计中考虑"环境因素"提供分析评价方法和设计准则。

众所周知,丹麦的著名设计师 Paul Henninsen 毕生致力于灯具设计,他设计的 PH 系列灯具不仅造型典雅,而且照明效果有利于视觉健康;Federica Caffaro 等(2016)进行伸缩臂叉车主动悬挂驾驶室对全身振动水

---

① 颜声远,张志俭,彭敏俊,等.人机界面设计评价的实时交互方法 [J].哈尔滨工程大学学报,2005,26(2):189-191.

② 秦沛阳.基于 CATIA 的舰载显控台人机工程研究 [J].机械设计,2017,34(10):105-109.

③ 章勇,徐伯初,支锦亦,等.高速列车旋转座椅的人机工程改进设计 [J].机械设计,2016,33(08):109-112.

平和操作员舒适性影响的人体工程学分析[①]；刘森海、李松涛、曹树魏等（2017）应用 CATIA 人机分析工具进行重型商用车驾驶室人机工程优化分析，提高人机工程性能[②]；汪洋、余隋怀、杨延璞（2013）结合 QFD 和 AHP 方法，实现对飞机客舱内环境人机系统的科学评价[③]。

1.3.3.4　"人与科技的匹配关系"——人机交互技术设计

面对信息时代的大量变革，人机工程研究的系统性逐步增强，研究对象不断扩展，更多新生事物纳入考虑范围，人机交互技术设计应综合考虑不同因素之间的相互影响与制约关系，从更为宏观的社会技术层面看待人机问题。数字化、虚拟化、信息化将成为未来人机工程学进一步发展的方向，同时宏观人机、认知人机也将更加受到关注。

国外学者的研究拓展到人机工程学的新技术领域与新产品中，并兼顾整体发展特性。英国 Open Ergonomics 公司基于人体测量等技术建立 People Size 2000 人体数据咨询系统；Transom 公司开发的 Transom Jack 人机工程软件；美国 21 世纪信息技术计划中将人机建模研究列为 6 项国家关键技术之一，美国国防关键技术计划中把人机交互列为软件技术发展的重要内容之一，专门增设了与软件技术并列的人机界面研究；2017 年，科学家及工程师早期职业总统奖获得者 Michael McAlpine 研发了一款用于手术指南的 3D 打印人工器官技术，目前已在世界各国的医疗界开始探索使用；日本也提出 FPIEND21 计划，目标是开发 21 世纪个性化的信息环境；德国汽车工业联合会通过虚拟环境中的人机工程学模型，客观评价汽车驾驶室的人机工程学性能。

国内学者的研究则多集中在对新技术影响下的具体产品的人机关系方面，例如针对交互媒体界面、虚拟技术等方面人机关系的研究，金芳晓、谢叻（2017）将虚拟现实技术应用于人机工程设计中，是人机工程模拟研究法的一个有效手段[④]；赵曦（2014）分析了人机工程学在软件等交互界面中的应用，探讨了人机工程学与信息架构设计之间的关系，总结了信息

---

① Federica Caffaro, Margherita Micheletti Cremasco, Christian Preti, Eugenio Cavallo. Ergonomic analysis of the effects of a telehandler's active suspended cab on whole body vibration level and operator comfort [J]. International Journal of Industrial Ergonomics, 2016 (53) 19-26.

② 刘森海，李松涛，曹树魏，等. 重型商用车驾驶室人机工程优化分析 [J]. 图学学报，2017, 38（4）：509-515.

③ 汪洋，余隋怀，杨延璞. 基于 QFD 和 AHP 的飞机客舱内环境人机系统评价 [J]. 航空制造技术，2013（8）：86-91.

④ 金芳晓，谢叻. 基于虚拟现实的人机工程 MTM 和 NIOSH 方法研究 [J]. 江西师范大学学报（自然科学版），2017, 41（4）：338-343.

化领域中的人机研究方法①。另外，国家颁布的"973 计划""863 计划""十三五规划"均将人机交互列为主要内容，未来人机交互技术将在新的研究领域和学科空间获得更大发展。

1.4 共生理论的应用与演化

1.4.1 共生理论的基本概念

生物界中的共生最早由德国生物学家得贝里提出，是指不同生物密切生活在一起，且两个或多个生物，在生理上相互依存程度达到平衡的状态，包括共生、寄生、栖生等共生关系。在生物圈内，各类生物之间以及与外界环境之间通过能量转换和物质循环密切联系起来，形成共生系统，这是广义的共生。社会关系中，例如人与人、人与企业、企业与企业之间，也是互相联系、互相影响的，类似于生物学中的共生关系。因此，可以说，共生现象除存在于自然界外，也存在于社会科学的领域。20 世纪中叶之后，共生理论渐渐被大面积地借用到社会科学领域中来，形成了不同的理论观点和应用范围。

1.4.2 共生理论的应用

1.4.2.1 哲学领域的共生表达

哲学层面中概括出来的"共生"包含"双赢"和"共存"，属于哲学抽象下的互利共生现象，某些情况下也包括偏利共生。日本著名建筑师和建筑理论家黑川纪章在《新共生思想》一书中，把共生思想应用于城市设计范畴的哲学理念，其中"兼容并蓄"的共存理念是黑川纪章的共生哲学的核心。②

中国"和谐社会"新理念提出之后，国内学者们也逐渐关注共生哲学。吴飞驰（2002）在《"万物一体"新诠——基于共生哲学的新透视》中探讨了相关问题。③ 李思强（2004）认为，"共生"是个宏大的概念，

① 赵曦. 人机工程学在交互媒体界面设计中的应用［D］. 北京：北京工业大学，2014.
② ［日］黑川纪章.《新共生思想》［M］. 覃力，杨熹微，慕春暖，等，译. 北京：中国建筑工业出版社，2009.
③ 吴飞驰."万物一体"新诠——基于共生哲学的新透视［J］. 中国哲学史，2002（2）：29-34.

是指事物内或元素内形成的和谐、互利、共生的生存联系。①

1.4.2.2　工业共生——对生物学共生方法的直接借用

工业共生理论成为工业生态学的一个重要分析工具。在 1989 年，有两个重要事件对其概念产生了很大影响。一个是 Froschand Gallopoulos（1989）首先提出了新的工业发展观——工业生态系统的设想：在生产中产生的能量和物质，都能够在其他的过程中更好地运用，因此消耗可以被减少。另一个是 1989 年，丹麦卡伦堡出现了几家重要企业开展利用废水与废气的合作，以便缓解水资源短缺等环境问题造成的成本上的危机。Froschand Gallopoulos（1989）工业生态系统的概念正好为卡伦堡出现的工业共生的现象提供了一定的理论支撑。从 1989 年起，卡伦堡产生了一系列的企业共生，这是首个工业共生的例子。《工业共生》一书对工业共生作出了解释："工业共生是一种企业之间的合作关系，这种合作是以共生的理论和工业的生态学为基础的，可以使企业更好地生存和获利。"Boyle 和 Baetz（1997）在上文中的发现之后，便逐渐开始规划和模拟美国特立尼达（Trinidad）的企业共生，最后的结果是，这一案例成为精密计算之后形成的工业共生典型范例。Keckler 和 Allen（1999）运用线性规划的模型对德克萨斯州休斯敦中某工业园水资源的再次使用方法进行了分析与点评，这些企业彼此之间使用各类纯净等级的水，最后成功实现了水的循环，因此找到工业园中水资源的循环方法。当今时代，人们普遍认为工业共生能够有效解决资源与能源的浪费问题，促进可持续发展；并且认为工业共生能够有效完善物质的用途，降低废物的排放量，降低产能和消耗对周围环境造成的伤害。

最近几年开始，中国学者开始将注意力放在工业共生之上，其中大部分集中在关于共生的网络以及共生的模式在工业及经济方向的应用上。② 王兆华（2004）认为，共生包含自主实体共生以及复合实体共生，同时也包含依托型、平等型、嵌套型、虚拟型 4 种网络形式。③ 张智光将绿色共生的理念和方法引入林业生态的研究，探讨了林业生态与产业体系的共生机制、协调机理、共生模式等问题，对于工业共生的研究提供了非常有益

---

①　李思强. 共生构建说论纲［M］. 北京：中国社会科学出版社，2004.

②　胡晓鹏. 产业共生：理论界定及其内在机理［J］. 中国工业经济，2008（9）：118-128.

③　王兆华，尹建华. 生态工业园中工业共生网络运作模式研究［J］. 中国软科学，2005（2）：80-85.

的探索。[1]

1.4.2.3　商业生态系统——引用生物中共生的概念

最开始使用生物中的共生概念，并运用到企业管理的思想之中是在 20 世纪 70 年代。20 世纪 90 年代，人们开始将共生的概念运用到企业之内。汉南和弗里曼于 1977 年提出适应性理论，构建了一种生态的模型：组织种群的模型，阐述了组织小生境理论，这是组织生态理论诞生的标志，使很多学者开始加入理论研究中。20 世纪 90 年代之后，人们开始关注商业生态学理论，关注消费者、企业与环境之间的关系。

基于商业生态学理论，中国的学者们（赵红、陈绍愿、陈荣秋，2004）提出了一种前所未有的管理模式——企业生态管理，讲述"共生"和"共同进化"在商业中的关系，并有学者利用建模证明了这个理论。[2]于是，越来越多的中国的学者们开始研究企业中的共生范畴，也包含了对其条件、方式的选择、机制等方面的思考。卜华白、刘沛林（2005）研究了如何建立群簇企业的共生发展的方法[3]；冯德连（2000）则发现，许多因素都会对企业中的共生形式造成影响，如运营者的能力、生产技术、内外的规模、生产线的地理位置，例如区域化等[4]。

1.4.2.4　社会科学领域"共生理论"框架的形成

袁纯清（1998）和吴飞驰（2002）建立了一个把生物领域与经济领域的共生概念相融合的经济共生理论系统。1998 年，袁纯清博士最早提出经济学共生系统，并通过数据对生物领域的共生概念理性地总结构建，用来表达经济领域的问题：其中提出了共生的 3 个要点（单元、模式以及环境的 3 个方面）描述共生的根本属性；通过一系列的共生模式（如组织、行为等）对共生行为下的联系进行解读，使用这种观点以崭新的方向去思考中国的小型经济的前进方向。[5] 同时，引导人们对自然界、对社会环境产生更多的新思想，最终达到不同的境界，具有重要的意义。

吴飞驰（2002）对共生定律也有新的认识，他认为"共生"如同"看

---

①　张智光. 绿色供应链视角下的林纸一体化共生机制［J］. 林业科学，2011，47（2）：111-117.

②　赵红，陈绍愿，陈荣秋. 生态智慧型企业共生体行为方式及其共生经济效益［J］. 中国管理科学，2004（6）：130-136.

③　卜华白，刘沛林. 群簇企业"共生进化"的途径研究［J］. 生产力研究，2005（10）：231-233.

④　冯德连. 中小企业与大企业共生模式的分析［J］. 财经研究，2000（6）：35-42.

⑤　袁纯清. 共生理论：兼论小型经济［M］. 北京：经济科学出版社，1998.

不见的手"一般，在市场经济中起作用，这是必须遵守的社会进化定律。因此，他很好地解释了斯密悖论：人类在没有阻挠时，尽可能多地为自己谋利，他们最终共同使社会受益，即便那不是他们目的。①

随后，更多的对共生理论的应用越来越多地进入人们的视野，对共生的模式与系统的稳定的研究不断深入，这样一来，共生在经济学中的应用逐渐构建成型。

另外，共生的思想在社会学之中的应用，可以在很多著名学者的著作中找到相应的论述。费孝通是中国著名的社会学专家，他在 2006 年所著的《乡土中国》一书中写了"共生与契洽"，描述共生的社会形态。② 美国著名社会学家吉丁斯认为，社会的基础是同类意识（同种与相似的人格肯定）。帕克更明白地说明在人类中可以有两种人和人的关系：一种是把人看成自己的工具，一种是把人看成也同样具有意识和人格的对手。前面一种关系他称为 Symbiosis（共生），而第二种关系则是 Consensus（契洽）。

2004 年，中国提出了"和谐社会"的思想，这让包括学术圈与社会各领域的人们对共生概念更加关注。刘荣增（2006）根据这种思路提出了五大共生关系的概念：人—自然、城—乡、区—域、社会各阶层以及经济—文化，认为它们是和谐社会的成立必不可少的因素。③ 张永缜和张晓霞（2007）在社会价值观建立方面，获得基于共生理念的研究成果，即人的本我、人与人、人与社会自然多个方面的整体融合。④ 除此之外，越来越多的学者投入和谐社会的共生进化的研究工作中。

1.5 绿色舒适产品概念设计

舒适的基本含义是指符合使用者生理特性和心理预期的一种状态，给人安乐舒服的感觉。具体到产品设计过程中，产品的不同尺寸、材质、形态等与用户人体特征、结构尺寸的匹配程度，以及特定产品在使用者不同

---

① 吴飞驰．"万物一体"新诠——基于共生哲学的新透视［J］．中国哲学史，2002（2）：29–34.

② 费孝通．乡土中国［M］．北京：生活·读书·新知三联书店，2013.

③ 刘荣增．共生理论及其在构建和谐社会中的运用［J］．中国市场，2006（Z3）：126–127.

④ 张永缜，张晓霞．共生价值观与构建和谐社会［J］．理论导刊，2007（10）：54–56.

生活或工作状态、工作性质、工作时间、疲劳程度下的匹配程度，均为舒适性内容。经常被人们提起的产品舒适性是指产品设计应该符合人的生理与心理需求，包括人的生理尺寸及心理特点的舒适性考虑，以及产品在不同场合下使用的环境需求。从广义层面上来说，产品设计除了满足人的生理及心理等基本需求外，还应该体现使用者的品位和精神境界，凸显其价值观，给人以人文关怀与精神慰藉，这也是更广泛意义上的舒适。

舒适表达的是人在某种状态下的主观感受，也就是人体对外界环境刺激产生的一种主观反应。一个人在某种状态或模式中感到舒适，表现出特定的心理状态和习惯性的行为模式，如固有的习惯、观念、行为方式、思维方式和心理定式等，这个范围称为舒适区，又称为心理舒适区。对于产品的舒适性来讲，舒适具有两层含义：其一是人接触的舒适度，其二是人视觉的舒适度。舒适产品设计即产品应符合人的生理与心理需求，满足人的生理尺寸及心理特点的舒适性考量，以及产品在不同场合下使用的环境需求。人类生产与生活中进行的"造物"活动，可以将舒适度作为衡量人机之间良好的亲和性匹配关系的重要指标。以舒适性设计提高产品层次，唤起用户的情感共鸣，协调"人与机器的关系"。

国外学者 Basri 等（2011）探讨靠背振动对人体舒适度的影响，并通过实验确定影响人体感知的靠背倾角和振动频率阈值。[1] Giuseppe Andreoni 等（2002）基于人体臀部受压数据及人体测量学数据，研究驾驶员的驾驶姿势与坐垫压力的压力分布方法。[2] 国内学者张芳兰、杨明朗、刘卫东（2014）通过顾客对汽车造型需求指标的获取，确定了汽车造型设计特性的优先度。[3] 张宁、李亚军、段齐骏等（2017）提出，面向老年俯身作业的人机工程舒适性设计方法。[4] 李珺、廖诗慧、商艺娟（2018）提出，通过减小急回运动、机械设计、外观设计、附加音乐设计等提升儿童摇摇车

---

① Basri Bazil, Griffin Michael J. The vibration of inclined backrests: perception and discomfort of vibration applied parallel to the back in the z–axis of the body [J]. Ergonomics, 2011, 54 (12): 1214–1227.

② Giuseppe Andreoni, Giorgio C. Santambrogio, Marco Rabuffetti. Method for the analysis of posture and interface pressure of car drivers. Applied [J]. Ergonomics. 2002 (33): 511–522.

③ 张芳兰，杨明朗，刘卫东. 基于 QFD 的汽车造型设计特性优先度评价方法 [J]. 包装工程，2014，35（24）：59–62.

④ 张宁，李亚军，段齐骏，等. 面向老年俯身作业的人机工程舒适性设计 [J]. 浙江大学学报（工学版），2017，51（1）：95–10

的安全性和舒适性。[①]

新时代的来临催生现代文明，人类更加关注自身的需求与生态可持续之间的关系。强调"物、人与生态环境"系统的平衡的思想，受到更多的追捧，绿色设计逐渐成为解决类似问题的有效方法。绿色设计的产物便是绿色产品，在产品的整个生命周期内，着重考虑产品的环境属性，并将其作为设计目标，在满足环境目标要求的同时，保证产品应有的功能、使用寿命、质量等要求。绿色设计并不是简单的设计活动，将绿色设计与产品完美融合，在绿色设计中融入新的内容都是重中之重，目前已有相关学者展开研究。

井绍平、陶宇红（2013）以消费者需求为视角对产品绿色化创新路径进行研究，探讨绿色需求与人的需求之间的矛盾关系。[②] 薛生辉、薛生健、臧勇（2015）提出包装的适度设计观，即从低碳可持续发展的视角把控包装设计的"度"，协调人的需求与绿色环境需求。[③] 于东玖、喻红艳（2017）基于适度原则探讨童车的可持续设计，优化童车的寿命周期，满足儿童快速成长与长期使用需求，实现资源的高效利用。[④]

绿色舒适产品是在平衡了绿色产品与舒适产品之间的矛盾冲突后，让绿色与舒适得以互利共生的一种产品设计思路，其中既满足产品的绿色化设计需求，又满足产品的舒适性设计需求，使产品的绿色属性与舒适属性达到一种动态平衡状态。

面对多维度的需求，需要回到设计的本源，一种对生理和心理、物质与非物质、个人与生态环境之间微妙平衡的把握，才能更合理地使用技术，用科技带来绿色与舒适，提高产品质量。绿色舒适产品设计就是寻求人机需求与环境需求之间的平衡点，使产品绿色属性与舒适属性和谐共生，做到在产品设计中既考虑生态友好，又兼顾人机需求；既考虑经济效益，又兼顾人性化需求；既考虑技术优化，又兼顾个性化需求，实现"人机–生态"系统的动态平衡。

---

① 李珺，廖诗慧，商艺娟. 儿童摇摇车安全性与舒适性的改进设计［J］. 包装工程，2018，39（2）：170–173.

② 井绍平，陶宇红. 基于消费者需求视角的产品绿色化创新路径［J］. 河北大学学报（哲学社会科学版），2013，38（04）：125–129.

③ 薛生辉，薛生健，臧勇. 谈包装的设计之"度"［J］. 包装工程，2015，36（18）：33–36.

④ 于东玖，喻红艳. 基于适度原则的童车可持续设计研究［J］. 包装工程，2017，38（10）：137–140.

第2章　绿色舒适产品信息结构模型

2.1　产品设计理论基础

2.1.1　有关产品的概念

　　一般来说,产品是由人类劳动创造出来,同时能满足人们在某些特定方面需求的物质与精神的总和。然而从市场层面来看,产品的内涵是更为广阔的。从广义上讲,产品是针对人们的需求所设计生产出的有特定使用价值的物质形态产品以及非物质服务的总和。因此,广义的产品应包括实质、形式和附加等3个层次的内容。而从市场的角度看,它不仅可以是物化形式,也可以是精神形式,或者是二者都具备的形式。此外,知识的含量与质量,越来越成为附加值的关键组成。以上3个层次共同组成了产品的整体概念,具体而清晰地掌控产品的整体概念,对企业开发与生产新产品,制定并实施有效的产品策略,具有十分重要的意义。

　　根据广义产品的定义,产品的3个层次可以总结为图2-1所示。

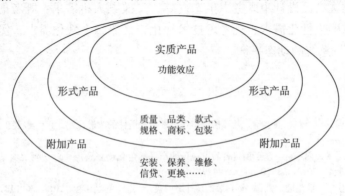

图2-1　产品的3个层次

（1）实质产品层次。人们在购买产品的时候都会带有一定的目的性，即为了满足自己特定的生理或者心理需求。从产品的使用价值这一层面来评价，产品能够给予购买者的基本效用或者益处称作实质产品层次。实质产品层次并不是具象的，往往用功能描述，是一种无形的概念。

（2）形式产品层次。也称为有形产品层次，是指产品在市面上所传达出的具体物质形式，主要包括特征、样式、品质、商标以及包装等 5 个部分。相对于产品设计的角度而言，主要关注的是这一层面。

（3）附加产品层次。产品的消费，并不是一个短暂性的过程，而是一个持续的过程，购买者对于产品的使用会有一个持续性的阶段。

由广义产品的 3 个层次，可以归纳出产品具有的 3 个基本属性。

（1）市场属性：产品的价值通过市场来实现，市场的成功才能保证产品包含更多的商机。

（2）功能属性：产品通过一定的功能来满足人们的某种需要。

（3）过程属性：产品要经过市场需求、概念设计、制造、销售、使用直至报废的特定生命周期来体现其价值。

从这些属性中可以明确看出，产品的价值体现在满足人们的广义需求方面，即包含人们自身的需求和可持续发展的需求。

2.1.2　产品开发的一般过程

产品开发过程是指企业用来构思、设计和商业化一种产品的多个步骤或活动的序列。在该流程中，有很多是智力性、组织性、非物理性的。有些组织对于开发过程有一个精确而详细的定义，并且其工作也都遵循这一过程，同时可能有一些组织会无法描述这一过程。另外，各个组织采用的过程也不会完全相同。

图 2 - 2 为产品开发过程，主要包括需求分析、概念设计、技术设计及详细设计等 4 个步骤。[①] 首先是需求分析，设计师根据市场形势、用户需求及可用性分析等方法，确定一些必要的设计参数及需要着重

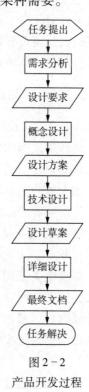

图 2 - 2
产品开发过程

029

---

① 董仲元，蒋克铸. 设计方法学［M］. 北京：高等教育出版社，1991.

考虑的约束问题；在需求分析基础上，进行概念设计。设计产品的功能原理，就是在明确了设计任务以后，用抽象化的方法找到本质问题所在，确定功能结构；之后用适合的作用原理将功能结构组合成作用结构，进行原理方案的设计；再从多个方案里排优选取，综合多方面考虑，获得最优的原理方案。技术设计是将上一步确定的设计方案具体细化到机器及零部件的结构设计中，包括总体设计、结构设计、用户设计和模型实验等工作，这一阶段拟订出的总体设计草案要表达出对功能、耐久性、空间相容性等多个方面的检验，甚至对成本的要求也在这一阶段的考虑范围之内。最后的详细设计阶段是根据前 3 个阶段的工作成果，设计零件工作图、部件装配图，这一阶段的成果是生产图纸的完成，设计说明书、工艺文件及使用说明书等的编制。

事实上，产品开发过程从整体上可分为概念设计和结构设计。前一个部分是要制定出方案，后一个部分是为了设计出产品的具体构型。但是从目前设计分工和发展趋势来看，概念设计和结构设计间的界限并不是那么明显，而是需要各设计阶段信息的多次交流与研讨，对于产品开发过程的划分也只是为了突出不同阶段工作的重点。

2.1.3　产品设计中的主要因素及其影响

2.1.3.1　设计中人的因素

设计中人的因素主要包括人的生理因素和心理因素，此处的"人"主要是指用户、消费者。人类的生理因素主要包括人的形态和生理方面的特征，如人体的基本尺寸、体形、动作范围、活动空间和行为习惯等，这些因素都影响着产品的功能实现、操作便捷性及使用安全等功能属性。人类的心理因素主要是指精神方面，它随着国家、民族、地区、时间、年龄、性别、职业、文化层次等各种因素而相异，影响着产品的形态、色彩与质感等与视觉美感相关的设计内容。诚然，设计是为人服务的，也是为了满足人们的需求而存在的，因此对于人的因素的关注也就成为设计分析阶段的重要内容。目前，研究设计中的人的因素主要涉及的学科是人机工程学，后续的讨论中将更多地讨论相关概念。

2.1.3.2　设计中的环境因素

环境和生态已成为现代设计必须考虑的因素之一，当经济利益和环境生态发生冲突时，设计需要站在保护环境的立场上，设计应将产品开发置于人-自然-社会的体系中加以考虑。设计中的环境因素主要有两种概念：一种是对设计对象能够产生直接影响的要素，另一种是包围设计对象的状况。前者指的是与"人–产品–环境"这一系统相关的诸多要素，是一个较为广义的概念，可以称为生态环境，它们之间的关系如图 2 - 3 所示；后者则是指与设计对象相关联的使用环境、放置空间等的和谐程度，一般范围较窄，实指产品周围的物理环境，可以称为工作环境。本书探讨的环境需求，是指生态环境。

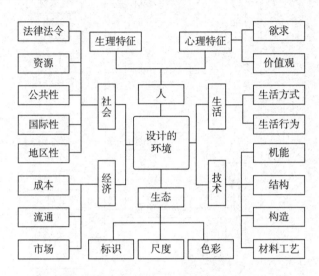

图 2 - 3　设计环境及其构成要素的关系

2.1.3.3　设计中的功能因素

设计中的功能一般是指使用功能，即所设计的产品在达到目的时的作用，这是产品设计的核心条件之一。通常，设计过程中除了考虑产品的本质功能外，还要考虑其从属功能或二次功能等。图 2 - 4 为设计中功能因素的性质分类，这些精神功能通常与使用功能无关而与满足使用者的某种欲求有关。设计中的功能因素主要有物理的（机械的）功能、生理的功能、心理的功能、社会的功能以及审美的功能。

2.1.3.4　设计中的形态因素

形态是产品设计的表象形式。用以构成形态的点、线、面、体等概念元素在产品中如何体现，是产品设计的重点内容。设计中的形态因素并不存在一个固定的标准，正如自然界中的形态千变万化，产品的形态也是风格各异，但对于产品形态的考量要遵循和谐、统一、变化、节奏、韵律、对比、调和等视觉原则，且要与产品的实用功能和人们的审美心理相一致。

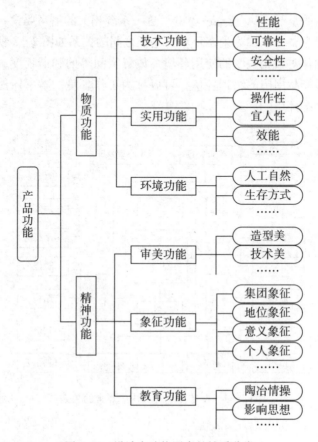

图 2-4　设计中功能因素的性质分类

2.1.3.5　设计中的机构和构造因素

机构和构造通常属于工程设计或结构设计的内容，设计师也必须充分了解相关产品的工程、结构因素，才能够合理地开展设计构思，或者利用部分机构的运行方式加以分析，从而形成新的构思。如座椅支撑、连接、把手的设计通常可以从结构的变化、改良入手，使内外协调，进而创造出技术和艺术功能俱优的产品。图 2-5 为座椅产品中的结构设计。

图 2-5　座椅产品中的结构设计

2.1.3.6 设计中材料与加工因素

产品的材料与加工工艺是决定产品质量的重要因素，而随着材料技术的发展，众多新材料不断产生并被广泛应用于各类产品之中，如 IT 产品、汽车等产品，但在材料可选性增加的同时，其造成的危害也日益明显。因此对产品材料和工艺的选择应在便于生产、降低成本、减少公害的前提下进行，如材料选择应满足合理性、省材、无污染、加工组装简便、易回收、可循环利用等要求。图 2-6 为座椅设计中的材料与工艺应用。

图 2-6 座椅设计中的材料与工艺应用

2.1.3.7 设计中的经济因素

价廉物美，始终是消费者追求的目标，而以最低的费用取得最佳的效果，也是企业和设计人员都必须遵循的一条普遍价值法则。诚然，并不是鼓励选用最低廉的原材料来拼凑产品，一味降低成本而忽略产品的质量。设计过程中对经济因素的考虑应遵循价值工程原理，在保证产品质量的前提下，减少资源的消耗。

2.1.3.8 设计中的安全性因素

由于科技进步，工业产品的自动化程度得到很大的提高，在给人们的生活带来方便和快捷的同时，危险性也随之增加。因此，设计师必须充分考虑产品可能带来的危害，并在设计过程中加以化解，如技术安全问题、材料污染问题、潜在危害等问题；同时，设计师也必须遵守各种相关的安全法规、产品标准等。

设计中的因素诸多，不能孤立地考虑，而应从具体的产品出发，将各要素综合地加以研究和应用。概括地讲，做到设计的先进性与生产现实性相结合，设计的可靠性与经济合理性相结合，设计的创造性与科学的继承性相结合，设计的理论性与实践规律性相结合，创造出受消费者青睐的产品。正是由于诸多因素的综合作用，产品设计变得越来越复杂，如何协调处理，往往给设计师带来很大的困惑，需要科学的方法来指导。

2.2 绿色舒适产品内涵及属性分析

2.2.1 绿色产品的内涵及属性

2.2.1.1 绿色产品的概念

绿色产品的概念首次出现是在美国环境污染防治法规中，真正意义上的绿色产品最早诞生在联邦德国。随着人类环境意识与能源危机的不断增强，绿色产品得到了社会大众的广泛关注。绿色产品亦称为环境协调产品，这一概念是相对于传统产品而言，尽管目前没有比较明确的定义，但各国学者纷纷根据自己的理解与认识，对绿色产品的内涵进行了梳理。

（1）绿色产品是指以保护环境和节约资源为核心的产品，充分考虑其设计生产中对环境的保护，其零部件在产品报废后可回收利用。

（2）绿色产品是结束使用寿命时，其部件可以翻新和重新利用，或者是能够低污染、少排放、安全处理的产品。

（3）绿色产品是指从生产、使用到回收全生命周期中均符合特定环境及生态要求，无公害或危害极少，可实现资源回收与利用的产品。

从上述不同的表达中可以看出，尽管学术界并没有给绿色设计下一个统一的定义，但对其描述的本质是一致的，即绿色设计是将保护环境与节约资源整合到产品的整个生命周期中。即使产品结束使用寿命，其零部件仍然可以安全回收、重新利用。

通过以上分析，可以知道绿色产品的内涵主要包括以下内容。

（1）生态友好性。生态友好性是绿色产品的核心要求，包括环境保护、资源与能源的合理利用以及对人类的关爱。产品的全生命周期中都要综合考虑生态友好性，不能盲目追求部分阶段的生态友好性，而忽视其他阶段。

（2）经济性。尽管绿色产品的生产制造过程可能由于某种技术需求会增加必要的投入，但综合产品的全生命周期来看，绿色产品相对于传统产品应该具有更好的经济价值。

（3）技术先进性。由于生态友好性的根本要求，绿色产品在加工生产过程中，一些传统的工艺与技术需要作出适当的调整。但是绿色产品不是以牺牲产品功能属性为前提，盲目追求绿色化，而是做到绿色与功能的和谐统一。

2.2.1.2 绿色产品的属性

绿色产品设计是在产品的整个生命周期中充分考虑绿色化，从概念设计到方案细化等阶段，都要考虑产品在制造、加工、销售、使用、报废及回收等过程中对生态环境的影响。绿色产品设计要求产品具有两方面的性能：一是节约资源，在产品全生命周期中控制资源的使用与回收利用，让产品在使用后不至于全部变为垃圾，导致环境污染；二是清洁生产，在产品各个加工生产环节，严格控制工艺，减少垃圾及废弃物的排放。

产品属性主要决定于用户需求与需求环境的变化，继而决定于产品的主要市场竞争要素与生成方式。绿色产品发展到现在，是社会环境和用户需求发展变化的结果，也是绿色制造技术成熟的体现。其基本属性指标，是指根据市场及用户需求所确定的产品最基本的性能参数，主要包括产品的功能指标和质量指标。绿色产品必须满足产品的基本属性指标，主要包括以下几种。

1. 绿色产品的经济属性

绿色产品在考虑产品的设计成本、生产成本以及运输费用、储存费用等附加成本的同时，还须考虑因工业生产经济活动和环境污染而导致的社会费用，以及有毒有害生产工艺对人体健康造成危害而导致的额外医疗费用及产品达到生命周期后的拆卸、回收、处理处置费用对产品总体经济性的影响。

2. 绿色产品的技术属性

由于绿色产品强调从整个生命周期进行规划统筹，其技术先进性应包括生产过程中各项技术的先进性（如可靠性及各项技术之间的协调性等）、产品功能和使用性能的先进性（如零部件应具有的分功能、总体及各部分的性能参数等）、回收处理及拆卸的可靠性、拆卸的方便性、回收利用技术的可靠性等。

3. 绿色产品的环境属性

环境属性指标主要是指在产品整个生命周期内与生态环境有关的指标，也是产品绿色度综合评价中最重要的一个环节。环境属性指标包括水环境指标、大气环境指标、土壤污染指标、噪声指标、固体废物指标等。由于产品的固有特性，不同产品有不同的环境属性指标。

4. 绿色产品的资源属性

资源属性包括产品生命周期中使用的材料资源、设备资源、信息资源和人力资源等，是绿色产品生产所必需的最基本条件。其中对环境影响最直接、最重要的是材料资源和设备资源指标。

5. 绿色产品的能源属性

能源是人类赖以生存和发展的重要物质基础。为缓解供需矛盾，在产品设计、生产和使用中，要尽量使用清洁能源和再生能源，采用合理的生产工艺以提高能源利用率。绿色产品能源属性指标主要包括：能源类型、清洁能源使用率、回收处理能耗等。

6. 绿色产品的社会属性

产品与文化、道德、人伦、社会安定及社会进步有关，因此社会属性也应是绿色产品评价中不可忽视的一类重要因素。绿色产品的社会属性指标主要包括：社会对绿色产品制造的需求度、科技教育投入占 GDP 的比例等。

2.2.2　舒适产品内涵及属性分析

2.2.2.1　舒适产品的内涵

《辞海》中舒适的释义为：舒适是一种轻松、积极、愉悦的状态或感受。进一步分析发现，舒适是指个体在所属环境中处于一种平静、祥和的状态，没有压力、焦虑的轻松自如的感觉。舒适包括 4 个相互关联、相辅相成的因素，4 个因素中不管哪种因素出现障碍，都会破坏舒适性，让人感到不舒适。

（1）身体因素，即机体的感觉和知觉。

（2）社会因素，即个体、家庭和社会的相互关系。

（3）心理精神因素，即内在的自我意识，包括尊重、性欲和生命的意义。

（4）环境因素，即围绕人体的外界事物，如光线、噪声、温度、颜色和自然环境等。

因此，可以说，舒适是符合使用者生理特性和心理预期的一种状态。具体到产品设计过程中，要求产品的尺寸、材质、形态等与用户的人体特征、结构尺寸匹配程度适合，以及特定产品在使用者不同生活或工作状态、工作性质、工作时间、疲劳程度下能达到舒适效果。

在产品设计过程中，设计师根据人的行为习惯、人体的生理结构、人的心理情况、人的思维方式等特征，在原有设计基本功能和性能的基础上，对产品进行优化，让使用者在使用过程中获得更加方便、舒适的体验，其中包括人因工程应用、色彩及几何元素搭配、文化元素应用、环境适应性等。从人文关怀的角度而言，设计中对人的心理需求、生理需求和精神追求的尊重和满足，是对人性的尊重；从人因工程的角度出发，产品与人接触的部分要符合人体使用习惯，让人在使用时感到舒适、轻松、方便，充分尊重人的自然属性；对产品的形态设计而言，产品要使人感到新颖、愉悦、乐于接受，通过视觉产生心理的舒适，容易产生拥有产品的冲动；对产品的设计制造而言，产品的舒适性是使不利因素减少到合理水平，不使消费者感到不悦、不适，包括噪声、振动、气味、味道、光线等工作环境因素。

通过对于舒适和舒适性的分析，舒适产品可以给出定义：舒适产品是指产品设计应该符合人的生理与心理需求，包括人的生理尺寸及心理特点的舒适性考虑，以及产品在不同场合下使用的工作环境需求。从广义层面上来说，舒适产品除了满足人的生理及心理等基本需求外，还应该体现使用者的品位和精神境界，凸显其价值观，给人以人文关怀与精神慰藉。

2.2.2.2　舒适产品的属性

通过上面的分析可以看出，对于舒适产品来说，要同时考虑使用者的生理要素和心理要素以及产品的技术要素，并且把这些要素有机地结合起来，才能满足要求，图 2-7 为舒适产品的组成要素。在这样一个复杂系统中，需要将技术要素、心理要素、生理要素完美地结合起来，进行优化设计。

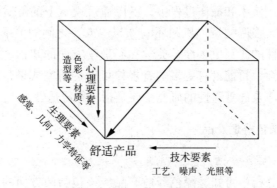

图 2-7　舒适产品的组成要素

人机工程学是现有比较成熟的研究人的生理、心理及使用环境的学科，并广泛应用于产品设计中。在产品设计中，主要运用测量学、生理学、心理学和生物力学以及工程学等多学科在内的研究方法与手段，综合分析人体结构、功能、心理以及力学等问题，设计使用户生理、心理及所处环境能够和谐发展的产品，营造舒适、健康、安全的生产和生活环境，提高工作效率及生活品质，是实现提升产品舒适度的重要途径。

人机工程学研究的核心问题是在不同环境中作业的人、机及环境之间的协调,"人"是指消费者或使用者,人的生理特征、心理特征及对环境的适应能力都是重要的问题;"机"是指产品,包括人能够接触到的一切产品、系统及界面;"环境"是指人们生活和工作的环境,光照、气温、噪声等都是研究对象。舒适度根本的提升途径就是将产品通过人机工程学的内容来进行设计和评价,通过分析某种特定舒适产品"人-机-环境"的特征,对用户的生理要素、心理要素以及产品设计的技术要素进行规划和改善,从而实现产品舒适性的大幅提升。通过人机工程学的理论可以看出,产品的舒适性是人通过触觉、视觉的体验而得出的一种产品的评价结果,抛开技术、经济和人文等要素不谈,此处讨论的舒适产品的属性应该包含:产品具有直接接触获得的生理舒适性和通过视觉观察获得的心理舒适性。

(1)接触舒适性。接触舒适性要求产品设计符合人机工程的各项参数和指标,在用户使用产品的过程中具有良好的接触舒适度,强调的是"人"与"机"的界面关系。具体来说,接触舒适性要求产品改善接触面形态、面积、产品尺度、材质等指标,使用户在使用和操作过程中,能够因接触感受的良好而产生愉悦的使用体验。

(2)视觉舒适性。视觉是人类获取信息的重要途径,人通过它可以感知外部世界的形状、大小、色彩、肌理等。视觉舒适度是指产品本身及其使用环境在用户使用和操作过程中,可以通过视觉上的舒适而带来生理和心理上的满足,强调的是"机和环境"与"人"之间的关系。

视觉舒适性的研究更多涉及美学和心理学方面的知识,相对于工程设计来说比较感性,目前没有更多的有规律可循的研究成果,因此,如非特别说明,本书涉及的舒适性的研究主要是指接触舒适性。

2.2.3 绿色舒适产品

2.2.3.1 绿色舒适产品的内涵

从前面的分析中可知,绿色舒适产品应该包括两方面的含义:一方面是产品具有绿色属性,另一方面是产品具备人机舒适性。前者与生态环境要求相关,后者与人的需求相关,也就是人机需求。因此,这里提出"人机-环境"系统的概念,它区别于人机工程学中的"人-机-环境"系统,事实上,"人机-环境"系统是将人机工程学和产品绿色化设计理论结合的产品设计系统。系统中,"人机"需求即依据人机工程学理论而产生的"人对于产品的使用需求"的统称,而"环境"需求指的是"满足产品绿色性能所需要考虑的生态环境的需求"。

根据前期的研究,本书将绿色舒适产品定义为:在保证产品功能和质量的前提下，能够达到人与产品之间产生舒适性的体验的同时，满足环境保护和资源节约并且能为社会创造价值的现代设计产品。因此，绿色舒适产品是在平衡了绿色产品与舒适产品之间的矛盾后，让绿色需求与舒适需求得以互利共生的一种人造物品，设计过程中既满足产品的绿色化设计需求又满足产品的舒适性设计需求，让绿色属性与舒适属性达到一种动态平衡。

具体来说，绿色舒适产品主要具有以下几种特征。

1. 既考虑生态友好，又兼顾人机需求

传统的绿色产品过于关注产品的生态友好，尽可能降低产品全生命周期中的资源浪费，而舒适产品又过于关注产品的人机需求，尽可能满足人的要素，这两种设计思想都可能从两种极端降低了产品的使用价值与社会价值。综合来看，绿色舒适产品通过平衡二者之间的矛盾，让产品的生态友好属性与人机属性达到一种共生互赢的效果，考虑产品全生命周期中的生态友好性的同时，又不会因为过分强调生态友好而使产品过分简洁，从而降低产品的人机特性。

2. 既考虑经济效益，又兼顾人性化需求

产品的经济效益是在产品设计初期就会考虑到的重要因素，在绿色设计中由于要考虑设计、制造、报废及回收等阶段的资源消耗，往往会造成产品的外观简陋、造型简单或者不能满足用户生理、心理需求等弊端，而舒适产品又由于过于满足人的各方面需求而使产品复杂化。绿色舒适产品正是在充分考虑到产品经济效益与人性化需求后，充分协调二者之间的矛盾，既满足产品回收利用过程中的经济效益，又不会因为过分强调节约而降低人性化需求。

3. 既考虑技术优化，又兼顾个性化需求

由于产品的绿色化需求，一些传统的加工工艺必须作出适当调整以适应产品的生态友好性，而这种改变很容易降低产品的功能属性，导致产品的设计风格千篇一律，无法满足用户的个性化需求。但是，一味地追求个性又会降低产品的绿色属性，导致资源的浪费。绿色舒适产品正是通过共生机制，解决技术优化与个性化需求之间的矛盾，让二者达到一种平衡，既充分考虑通过技术的优化带来产品绿色属性的提高，又不会造成产品的乏味、简陋，满足不同用户对于产品个性化的需求。

2.2.3.2　绿色舒适产品的属性

绿色舒适产品系统是一种将产品的绿色属性与舒适属性共同考虑在内的产品生态系统。系统从产品的绿色属性与舒适属性出发，在产品的全生命周期中，综合考虑绿色需求与人机需求，解决人机需求与环境需求的矛盾，最终达到绿色与人机之间和谐共生、互助共赢的发展模式。

本书通过引入绿色度和舒适度作为衡量绿色舒适产品属性的指标。绿色度，顾名思义是指产品对于资源节约和环境保护的友好程度；舒适度，则代表着用户在使用和操作产品过程中而产生的愉悦度。二者都是绿色舒适产品的固有属性，哪一方稍有缺失，该产品则难以达到其预期效果，在现代产品设计当中，往往就会出现以下极端情况。

1. 产品设计中过于注重绿色度，忽视舒适度

（1）绿色设计的要求与使用者生理需求发生矛盾。由于绿色设计追求资源的节约与环境的保护，所以势必会通过简化产品造型等方法，降低生产的难度与资源的投入。但是，在实际设计生产中，如果过分简化产品的造型，就无法充分满足用户的生理特征及使用习惯等人机需求，这样的情况极有可能造成产品可用性的降低，甚至存在一定的安全问题。

（2）绿色设计的要求与使用者心理特征发生冲突。当前"极简主义"的设计理念席卷全球，高度规则化、几何化的产品形态一度受到社会各界的广泛推崇，尽管这种设计理念可以更好地节约资源、保护环境，但也在一定程度上降低了产品的人情味，显得冷漠无情。

（3）绿色设计的要求与使用者个性化的需求无法统一。为了产品的回收再利用，绿色设计更加强调标准化、模块化。尽管产品制造更加简单、组装更加简便，但是过于标准化、模块化的产品，必然会在一定程度上导致个性化的缺失，过于同质化的产品很难受到消费者的喜爱，甚至造成产品积压，导致资源与环境的破坏。

2. 产品设计中过分强调舒适度，弱化绿色度

其一，为了尽可能地满足消费者多样化需求，产品设计无论在结构、造型或者装饰上都会比较复杂，而结构越复杂就会使产品的加工制造越困难，浪费的资源也就越多，在产品回收过程中由于投入了过多的资源，也极易导致环境的破坏，从而违背了绿色设计的本质要求。

其二，过度地满足消费者个性化需求，则会以产品的新颖为目的，不断推出造型奇特、用材昂贵的产品，以致人为地刺激消费，加速产品老化，缩短产品寿命，并与绿色设计的思想背道而驰。

绿色设计强调的是整个自然环境和生态系统的协调发展，是一种高度的责任感；相对而言，舒适性强调消费者的人机需求，是比较小的范围。因此，舒适度与绿色度之间的矛盾，实际上就是如何协调个体利益和整体利益之间的关系。上述两种情况都会对绿色舒适产品的普及带来负面的影

响，更是现代产品设计的一种不健康的现象，因为产品并不是独立存在的，产品的设计、制造、装配、运输、使用及回收整个生命周期系统都对用户和社会产生深远的影响。

　　因此，只有当产品的绿色度和舒适度同时达到一个良好的等级，足以使二者的矛盾消除并协同发挥作用，这样的产品才可以称为绿色舒适产品。当然，解决产品设计中的人机需求和环境需求问题，就要从产品系统入手，在产品的整个生命周期内解决二者之间的矛盾并建立共生机制。

2.3　绿色舒适产品系统分析

2.3.1　绿色舒适产品的理论基础

2.3.1.1　设计的哲学意义

　　设计是人类改造自然的重要活动之一，并把人类与动物区分开来。设计是人类主观能动性的生动体现，始终是由人们的主观能动思想来指挥运作的，所以设计无法脱离哲学的影响，每次设计革命都说明设计是哲学指导下人类改变自然的变革活动。人类把设计的经验反馈在哲学体系上，而哲学思想的发展也提升设计的需求，设计与哲学相互拓展、相互支撑。

　　哲学作为设计的指导，以此便产生了设计哲学。设计哲学是阐释人类、人造物与世界三者关系的哲学理论体系，设计哲学系统是设计思想中的上层建筑，涵盖了设计领域的根本观点和普遍知识。设计哲学并不是短时间建成的，而是随着人类对自然的改造程度，一步步从低级向高级迈进，并逐渐发展成熟起来的。它主要讨论了设计与需求、设计的尺度、设计的内容和形式、设计美学等这些普遍性问题。

　　人类的行为都是受到动机支配的，而人的需要促进动机的产生，需求、行为、动机、目标构成了一个人类行为活动的循环结构。需要引起动机，动机支配行为，需要成为设计行为产生的根本原因，而设计行为必然带有一定的目的性，以期望达到某种成就或结果，即实现需要的满足，然后又会产生新一轮的需要，以此不断推动设计向前发展。

　　所谓需要，主要是指人的渴求、欲望，人的需要如同人的新陈代谢，处在一种不断的变化和更迭中。正如马克思所说的，人类自然发展规律，一旦满足了某一范围的需要之后，又会游离出、创造出新的需要。作为生物体的人，既有生理层次的需要，又有心理层次的需要。由此可见，需求处在动态的满足——产生的过程当中，而且需求是分层次的，不同的阶段、不同的环境条件下个体表现出来的需求也是不同的。同时，个体表现出了对生存条件极强的需求依赖性，这是人的生存和发展的必然表现。例如在远古的开化之初，人类在大自然中缺少保护，没有基本的安全保障，生存下去这种最本能的原始需要促使人们制作出各种石器工具、寻找安身空间。这便是人类为了生存而进行的简单原始设计。人类的基本需求得到满足，有能力生存下去后，生活条件和物质基础都得到了改善，社会条件和自然环境的变化，使得设计输出结果——产品，超越了人类原始需求，满足人类生存需求的同时添加一些心理层面的需求，如舒适、美观、尊重等。

因此，设计与需求密不可分，人的不同需求导致设计行为的开展，而设计行为通过输出设计结果——产品，来满足需求，同时又不断创造新的需求，从而推动现代文明不断向前发展。

2.3.1.2 群己需求与设计伦理

设计的伦理观念，最初是由美国设计理论家维克多·帕帕奈克提出的，他认为设计的意义除了满足形式目的和眼前的功能，更主要的是设计本身所具有的能够形成社会体系的因素。围绕环境和人机需求，需要关注以下问题。

1. 环境需求相关的代际冲突

皮尔斯认为，"能够保证当代人福利增加，也不会使后代人所得利益减少时"就实现了代际公平。代际公平可以理解为，资源代际配置在代际保持一种公平的关系，在代际形成一种公平的合理消费关系。据统计，我们现在每年消耗的可再生资源相当于 1.5 个地球，到 2050 年将达到 2 个地球。其中深层根源在于人与人以及人与环境之间的价值冲突，而化解这些多元价值冲突离不开伦理判断。

2. 极端个人主义的功利主义

检视人类社会的发展，所谓的进步，往往就体现在对于这种个人性的认知不断进行矫正，并通过现实的实践获得尽可能广泛和长久的影响。

人的社会属性从无到有、从弱到强，不断增强，然而，在人类对自身能力不断印证的过程中，自我意识随着自身能力的不断凸显而渐渐显现，并逐渐形成以"个人"为中心衡量一切、决定一切的"个人主义"。这种蜕变从根本上逐渐改变了人类社会所应具有的社会属性，个人性的视点及狭隘的实践路径宣告了思想观念无法超越个人和小群体，实现全人类的视域。在充斥着极端个人主义和功利主义的社会形态中，设计作为达成最终需求的手段，早已被整个社会硬性赋予了极端个人主义和功利主义的内涵，并通过"个性化""人格化"等充满脉脉温情的字眼，为全社会所接纳，而全社会对此的接纳、认同成为推动设计高速发展的决定性力量。

3. 群己需求的冲突与共生

社会是个体与群体的综合体，环境需求和人机需求的冲突其实就是人类社会的群己冲突。严复在《译凡例》中解释"群己权界"的意思时说道："人得自由，而必以他人之自由为界。"即每个人都有行动的自由，但是自由必须以不损害他人的、集体的和社会的权利和自由为前提。当消费群体对产品提出无止境的人机需求的时候，会对环境造成破坏，最终会干扰其他人对人机需求的实现。这个社会群体的人机需求限制，主要是环境需求。此时，消费群体和社会整体的群己矛盾可以归纳为：消费群体对产品的人机需求和社会对产品的环境需求的冲突。

人的需求的发展是人机环境问题产生的根本原因。人机需求的满足主要是基于产品设计的个人私利满足的体现，包括为了追求环境需求的满足，更多是基于产品设计的社会利益的满足，而个人利益只有在社会利益中才能得到充分实现，局限于个人利益，就看不到社会利益，看不到诸多个人利益的矛盾，也就不可能解决这种矛盾，更不可能在更高层次上把个人利益与社会利益即"群"的利益统一起来。如何使个人利益与社会利益和谐发展？人类社会就是个体与群体相结合的综合体，群与己既是以二元统一的方式保持各自的相对独立，又是以相互制约、相互补充来达成彼此的共生。

2.3.1.3　可持续发展理论

在人造物的各种类型需求中，绿色需求和人机需求之间的矛盾尤为突出，且自手工业兴起时就存在，并随着工业时代的繁荣而日趋尖锐。在传统工业生产系统中，人们容易沉浸在高科技带来的社会繁荣的享受中，但也被带入两大误区。

第一，设计过程中，没有把握住人的特点和用户的需求，从而导致整个生产工作系统的工作效率降低，事故发生的可能性增高，甚至可能会对整个社会的发展产生严重的影响。

第二，设计过程中，没有把握住资源环境的特点和需求，对环境造成很大的损伤，大自然的净化修复能力不足以解决机器造成的损伤，长此以往，对人类的工作生活甚至是生存造成重大威胁。

这些情况会给人类带来无法修复的危害，人类也越来越意识到问题的严重性，因此一直在人的需求与生态环境的可持续发展之间，努力探索一套符合各自运行规律的、最优组合的科学可靠的方法，具体地解决人机和绿色要素之间的矛盾，相继发展出了人机工程学理论和产品绿色化工程理论。二者分别从人和环境两个不同的角度对传统的产品生产系统进行重新定义和规划。

为了满足绿色产品技术、环境协调性和经济特性的需求，设计师和工程师们将多种现代设计思想和方法有机地集成起来。近年来，国内外对绿色设计的研究非常活跃，逐渐形成了多种绿色设计方法。如系统论的设计方法，设计师运用系统工程的原理和方法来规划绿色设计，从整体、综合的角度来分析问题，使设计在技术与艺术、功能与形式、环境与经济、环境与社会中寻求一种平衡和优化。可循环设计方法，在对产品进行设计和生产过程当中，考虑到整个产品濒临废弃之后能够进行周期性的循环，将这些已经废弃或者濒临废弃的设计产品，通过一定的设计手法以及相关的设计理念，对其进行重新构建，并转换成其他的产品，从而有效地重新利用这些资源；经常提及的还有全生命周期评价方法，运用系统的观点，根据产品待分析或评估目标，对产品生命周期的各个阶段进行详细的分析或评估，从而获得产品相关信息和总体情况，为产品性能的改进提供完整准确的信息。[1]

面对日益突出的社会和环境之间的矛盾，从一维角度对产品系统进行改造，往往忽视了对产品生命周期其他因素的考量，所改良因素的提高往往以消耗其他因素为代价。因此，往往只能暂时缓解矛盾，并不能彻底消解二者之间的冲突。

人类用简单的工具从事繁重体力劳动时期，"人机-环境"系统的优化组合问题就被摆在面前，只是人们只会用最原始的方式无意识地对待。随着第一次工业革命及之后的能源革命，人类进入了机器时代，从事劳动的复杂性和带来的负荷量都发生了很大的变化，在"人-机"关系的研究中，开始进行一些更加有组织性的实验，积累大量的相关数据。直到 20 世纪 60 年代，在载人航天这一领域内几个国家有了突破性的进展，人们意识到，对于"人-机"关系问题的研究更加重要。从此，先后出现了人的因素、人体工程学、工程心理学、工效学、人的因素工程、人机系统等众多的学科名称。

逐渐地，人机系统的设计研制产生 3 个方面的较大突破：第一，从经

---

① 张青山，邹华，马军. 制造业绿色产品评价体系［M］. 北京：电子工业出版社，2009.

验走向科学；第二，从不自觉走向自觉；第三，从定性走向定量。这样一来，工程技术的大量返工以及巨大的经济损失都得以有效避免，人类社会的发展进程也在不断推进。

从人类社会发展的长河中可以看出，人类的生存既要依赖对自然的改造，包含消耗自然资源，生产人造物品，同时又要维护自然的可持续发展，而对于自然的关怀与保护本身就是对于人类自己的保护，这是人的最本质的需求。因此，基于社会学、工程学、生态学的绿色舒适产品一定会成为社会关注的焦点和主流。

2.3.2　绿色产品的设计要素分析

绿色设计是 20 世纪 80 年代末兴起的设计理念，绿色设计反映的是人们对于科技给环境、资源带来的种种迫害后的思考，也体现了设计师道德与责任感的回归。

绿色产品生命周期评价指标体系的制定必须遵循科学性与实用性、完整性与可操作性、不相容性与系统性、定性与定量指标、动态指标与静态指标相统一的原则，其设计要素与其对应的属性密切相关，包含可回收、资源利用率等 24 项，具体见表 2-1 所列。

表 2-1　绿色产品设计要素指标

基本属性	要素指标	基本属性	要素指标
技术属性	可回收技术	资源属性	资源的利用率
	可拆卸技术		资源的循环利用
	绿色工艺	能源属性	清洁能源的使用
	维护的快捷性		能源的消耗
	先进制造技术		运输方式的选择
	零部件的可替换性	经济属性	成本分析
环境属性	绿色材料的使用		效益评价
	污染物的排放		运输的经济性
	运输的安全性		使用维护成本
	对环境的污染		回收成本
	绿色包装设计		可重复使用率
	零部件的可拆卸性		
	零部件的可回收性		

2.3.3 舒适产品的设计要素分析

与舒适性产品属性相对应，舒适产品的设计要素由 3 类构成，即生理要素、心理要素以及环境要素，见表 2-2 所列，其中环境要素包含工作环境及社会环境。

表 2-2 舒适产品设计要素指标

基本属性	要素指标	基本属性	要素指标
生理属性	人的关节特性	环境属性	工作环境的温度
	人的受力特性		工作环境的湿度
	人的感觉特性		工作环境的光照度
	人的适应性		工作环境的噪声
	人的生理节律性		社会伦理
	人的电学特性	心理属性	产品造型的人性化
	人的光学特性		产品材料的人性化
	机的安全性		产品色彩的人性化
	机的交互性		产品表面处理的人性化

2.3.3.1 生理要素

在产品人机交互中，基于人体形态参数的产品设计的约束条件，舒适性产品首要满足作业场所，以及产品本身的设计与人体的生理特点相适应。产品的人性化生理要素体现在对以下几个方面的设计。其一，人的物理特性。人的物质属性决定了人和其他物体一样具有自身的物理特性。物理特性主要有几何特性、力学特性、热学特性、电学特性和其他物理特性。其二，人的生理特性。人类作为高级生物，具备非生命体不具备的生理特性。生理特性主要有人的感觉特性、适应性和生理节律性。

2.3.3.2 心理要素

舒适性产品设计中，要使产品具备人性化的设计要素，就要考虑以下 3 个方面。其一，产品造型的人性化设计。产品设计的理念和创意只有通过外在的产品造型设计才能得以具体化、明确化和实体化。从产品使用者的角度而言，产品的造型设计是影响大众是否关注产品的重要因素，因此，产品造型的人性化设计是体现产品人性化设计的重要环节。其二，产品材料的人性化设计。产品的材料是最能体现产品绿色、环保特性的因素，这就要求产品设计者尽可能地使用可循环利用和便于加工处理的产品材料，从而体现人性化的产品设计。其三，产品色彩的人性化设计。产品色彩通过与造型形象的融合，具有人性化的情感意义和表现特征，从而发挥强大的精神、情感影响力。因此，设计师要针对不同的消费人群、不同的产品使用环境，进行合理的色彩搭配，充分体现色彩的人性化、舒适性设计效果。

2.3.3.3　环境要素

在"人–机–系统环境"中，环境是一个具有多样性的要素。其中，工作环境会随着作业任务的改变而改变，而社会环境相对于工作环境会在一定的时期内保持不变。

在实际环境中，极少出现单因素环境。复合环境往往由几种因素共同构成，每一种环境的作用不可忽略。复合环境的多因素作用于人体或机器，会产生复合效应，这种效应既可能是协同的，也可能是互相抵抗的。社会环境往往在一个地区的一个相当长的时期内处于一种稳定不变的状态，对诸如社会道德标准、人类行为习惯具有较为广泛的影响。

2.4　绿色舒适产品信息结构表达

事物的发展与环境密切相关，由于事物之间的共生互助的发展模式比单独发展效果要好得多，所以，人、产品与自然环境三者统一，各个要素之间才能共同发展，这就是共生的本意。在"人机–环境"系统中引进共生理论，目标是从人与环境两方面出发，解决二者之间的矛盾，让产品的"人机–环境"系统达到和谐共生状态。

产品设计是一个和谐共生的系统，是"用户–产品–环境"系统内部各个要素之间的和谐共生。在产品系统分析中，对内外因素作综合考虑，可以把人、物、地点、时间、空间等要素作为外因，而产品的材料、造型、工艺技术等要素作为内因，二者之间相互协调，处理好各个要素之间的共生关系，使系统各部分获得整体的最优化。

通过对绿色舒适产品的人机需求、绿色需求的属性分析，可以获取绿色舒适产品的设计要素。将绿色度和舒适度作为绿色舒适产品属性的评价指标，构建绿色舒适产品的信息模型，图 2–8 为绿色舒适产品信息结构。

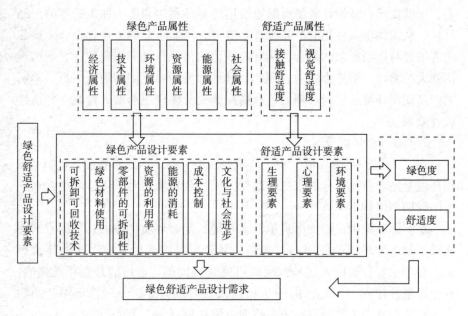

图 2-8　绿色舒适产品信息结构

第3章　绿色舒适产品设计需求研究

3.1　产品设计中的需求

设计的目的是满足人生理及心理等各方面的需求，并且让这些需求成为设计活动的根本出发点。现代文明进步的动力正是来源于人类对物质财富、精神财富的不断追求。

产品是人类需求满足的载体，从原始社会开始，产品的存在形式为工具，人类族群能够长期且稳定地生存是建立在使用工具的基础上的。逐渐地，人类学会设计形态各异的工具去提高自己生产力，从根本上说就是使人的需求得到满足。可见产品设计与人的需求是密不可分的。

3.1.1　有关需求

3.1.1.1　需求的几个概念

需求分析和管理对产品开发成败至关重要，正因如此，不同的管理体系对需求的详细定义和描述不尽相同，根据经验，详细分析不同术语区别如下。

客户/用户需求：基于客户认知，更多是客户的直观感受。需求的描述往往范围比较宽泛、用词较含混、语义模糊。

市场需求：主要研究其他企业对于此需求的反应与实现方式。例如，竞争对手是如何实现的？如果我们不实现市场需求，被竞争对手替代的可能性有多大？如果实现市场需求，如何做才能超越竞争对手？

产品需求：IPD 定义为"产品包需求"，认为：交付给客户的不是单独孤立的产品，而是一个系统性解决方案，产品需求要广而不深，并不是仅仅针对某一方面进行过于细致的定义，更多时候，思考的出发点应该立足于客户决定购买的全过程。因此，产品需求的内容可以由图 3-1 表示。

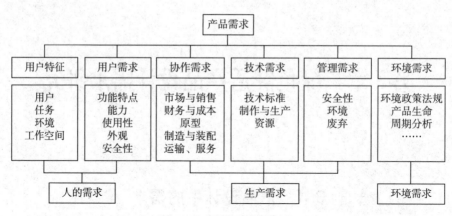

图 3-1 产品需求的内容

设计需求：顾名思义，设计需求可简单地拆分为设计+需求，很多时候，研发人员反映设计和需求这二者很难完全区分开来。实际上，在设计需求阶段，设计和需求出现很难区分的现象，正是由于二者之间的融合，需求才落实成设计，设计也自然而然地成为需求的载体；与产品需求相比，设计需求的定义才是真正需要深入研究的地方，细致到用设计来呈现，而且要求落实到某个具体的物理模型上，用这种可见可触的实体来承载设计需求。需求与设计过程的关系，如图 3-2 所示。

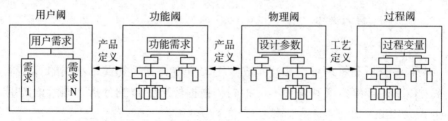

图 3-2 需求与设计

3.1.1.2 客户需求的含义

若想准确分析客户需求，需要首先了解"客户"这个需求载体。一般来说，不同层面的客户对应的需求见表 3-1 所列。

表 3-1 客户对应的需求

产品客户	说　明	需求类型
消费者客户	产品使用者	消费者需求：产品功能、性能
技术客户	产品开发过程参与者	技术需求：工程标准、材料与生产制造标准

（续表）

产品客户	说 明	需求类型
协作客户	产品生产、制造、运输等过程参与者	协作需求：有关制造、装配、质量保证、市场与销售
管理客户	产品使用过程的管理者	管理需求：安全性、环保及废弃物管理等

客户需求是客户用自己的表达方式，对产品的功能、性能及其他属性的诉求，同时含有产品服务以及对产品制造各流程的期望需求。

在对客户需求的期望值与满意程度分析研究的前提下，质量模型对于我们分析掌握客户需求有重要意义。KANO 模型规定了 3 类客户需求：基本型、期望型和兴奋型，如图 3-3 所示。

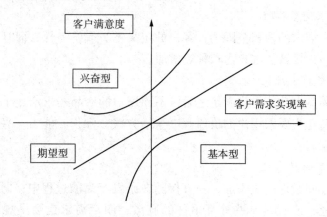

图 3-3 客户需求的 KANO 模型

客户的普遍关注点都在基本需求，因为它是产品中必须具备的需求。例如，空调的制冷功能就是客户追求的基本需求。与此对应，期望型需求是超出基本需求范围的一种需求。如果在产品设计中将期望型需求实现得很完善，客户的满意度也会随之提升；但是若没有满足这一需求，客户也很难对产品满意。

还有让客户出乎意料的需求特征，也就是兴奋型需求。但是，随着时间变化，兴奋型需求也会发生转变。

3.1.2 客户需求的特点

从马斯洛的需求层次理论可以看出，需求是一个不断递进的过程，随着个人自我认知的发展，需求会随之发展和变化。因此，它具有以下特点。

1. 需求的模糊性

在客户需求的获取过程中，由于感性认知是其主要判断依据，因而需求信息具有很大的不确定性。

（1）产品特征属性的模糊描述：一般情况下，客户对于产品的原理或结构并没有充分解读，如期望产品的重量要轻、噪声要小等因素。

（2）评价尺度模糊：客户通常习惯用具有模糊性的语言对需求项的权重进行解读和表述。

2. 需求的矛盾性

如客户既要求质量上乘，又要求价格不能过高，设计冲突由此产生；与此同时，矛盾也存在于不同客户之间，如技术需求与设计人员之间的矛盾等。

3. 需求的多样性

在客户需求的覆盖范围内，客户的定义不具有统一性，而且范围程度较为广泛，这导致了客户需求种类增加。

4. 需求的个性化

在产品基本功能得到满足之后，不同用户的产品需求产生了各自的变化。这些变化主要跟用户的价值观、生活方式、知识、能力、兴趣、社会期望等要素有关。

5. 需求的动态性

需求不间断地更改添加，一直伴随在研发产品的过程中；同时，随着时间的流逝，或者是某些外部事件的刺激，用户需求也会呈现出层级性跳跃。

3.1.3 客户需求研究现状

20 世纪，研究人员提出了倾向于探究客户需求与产品概念设计的内在联系的需求工程，目前为止出现了面向需求产品、面向本体以及面向并行设计的需求分析等。

（1）对客户需求的理论研究，集中体现在客户需求的采集获取，客户需求的梳理、研究处理及客户需求向工程技术转换等方面。

Otto 提出一种对客户使用产品的活动流程图进行分析，剖析用户各种活动中隐藏的意愿，获取客户需求信息的方法，给用户提供一个直观的数据作为参考，其方法是用联合分析的办法获取客户需求效用，把客户对于产品的需求转变为一种量化了的需求标准。①

（2）在企业的设计中，常用的关于客户需求的设计方法如下。

一是面向客户的产品设计，也称为以用户为中心的设计。在整个产品设计过程中，企业必须先结合本企业自身的实际情况，面向客户，提供定制设计模板，然后在此基础上开展产品设计工作，这是目前大部分企业最常使用的方式。

二是匹配客户需求的产品定制设计。匹配客户需求的产品定制设计策略是指企业根据客户所需产品的意象，从现有的设计中，通过一定的机制，匹配出最相近的产品样本。

三是客户选择需求的产品定制设计。这种设计方法指的是企业提前将产品的结构划分为不同的功能模块，在定制样本中，客户选择自己需要的产品组件进行组合，完成完整的设计样本。

四是基于客户需求带动的产品定制设计。先将产品功能划分成不同的模块，再结合企业自身实际情况，提取产品里的某些部件进行再设计。

3.1.4　需求的分析和处理

经过上述结构梳理，可以明确，产品需求分析从根本上来说就是需求决策。不管是采集个人创意，或者是市场调研，抑或是获取另外一些方面的需求，最后产品经理手中汇总的需求分析，需要决策如何去完成，如何转化成产品需求、设计需求，同时也要给出相应的计划说明。

一方面，进行需求采集、统计分析，以确定需求。目前，以用户为中心的设计，需求的主要采集手段来源于设计调查，常用的手段包括专家访谈、焦点小组、问卷调查、用户情景分析等。设计调查可以获取用户的使用动机，包括价值、需要、追求、兴趣、期待等，用户的感知、认知特征，用户的使用特征、操作特征，用户的审美观等较为个性化的态度。通过数据分析，可以看出某种文化群体对待人、对待生态、对待社会发展的观念和处事方法。针对某个具体的设计目标，也可以得到技术需求等较为细致的结论，设计调查的结果与调查对象及问卷、访谈的问题设置有重要的关系。②

访谈主要面向专家用户，可以获得较为专业的知识，用于确定产品设计的基本信息。访谈可以当面访谈，也可以电话访谈，访谈的内容需要事

---

① 张雷．大规模定制模式下产品绿色设计方法研究［D］．合肥：合肥工业大学，2007.

② 李乐山．设计调查［M］．北京：中国建筑工业出版社，2007.

先准备，访谈后须总结整理，才可能得到有用的信息。问卷调查通过制定详细周密的问卷，要求被调查者据此进行回答，以收集资料。随着互联网技术的发展，访谈可以方便地收集更多的用户信息。问卷内容是一组与研究目标有关的问题，或者说是一份为进行调查而编制的问题表格，又称调查表。调研人员借助这一工具对社会活动过程进行准确、具体的测定，并应用数理统计方法进行量的描述和分析，获取所需要的调查资料。

用户情景分析是指在用户使用情景中分析用户需要和操作过程，从中发觉设计信息。为了减少或避免脱离设计的用户调查，尽量使用户处于真实使用过程中回答调查问题，可以获取产品的可用性特征、产品存在的问题、设计因素等。用户使用情景包括：用户、任务、设备（产品）、环境。情景分析主要是在用户真实使用过程中观察真实问题，适用于明显操作动作的产品使用过程，如观察如何骑自行车、驾驶汽车、使用工具机器、在建筑内进行活动等。

另一方面，进行需求决策。进行需求决策时，需要考虑3个方面的基本因素：战略定位、产品定位、用户需求，可以针对用户需求，适当调整或添加企业的战略定位及产品定位等要求，使得需求更加完备和系统。完成分位之后，继续进行优先分级的工作，设计并给定需求的执行计划，思维过程见表3-2所列。其中，需求分类：把需要表达的需求的类型按种类列出；需求分析和判断：介绍放弃的需求及放弃的原因；需求分位：通过分位表述的方法将需求的轻重缓急表述出来；需求分级：根据分位再进行需求优化分级，以及不同规划阶段分多个版本实现，可以将需求划分计划；如果遇到需求很少的情况，那么只需要进行一次性迭代即可完成。

表3-2　需求思维导览

需求项	内　容
需求产生（来源）	公司内部（老板、其他部门、同事）
	产品经理（策划、挖掘）
	外部（用户、客户、伙伴）
需求分类	功能类
	数据类
	运营类
	体验类
	设计类

（续表）

需求项	内　容		
需求决策	战略定位		
	产品定位		
	用户需求		
需求分析： 四象限定位法	重要又急需	需要分级	
	重要但不急需		
	不重要但急需		
	不重要也不急需		

3.2　绿色舒适产品的需求

3.2.1　绿色舒适产品的基本功能需求及获取

产品的基本需求，是要求产品在完成特定功能的同时还要创造一定的精神价值和社会价值，它是产品设计的出发点和标准线。对于绿色舒适产品来说，需要满足用户的舒适性和全生命周期的绿色性要求，但人的需求、社会的需求是多元的，舒适需求和绿色需求并不能完全代表这样复杂的需求，所以基本需求是所有产品实现功能和创造价值的最根本需求。

绿色舒适产品的基本需求，是要求产品在满足舒适性和绿色性的基础上实现自身的实用、经济和美观[①]的功能。

（1）实用，是指产品需要满足一定的功能性要求和适应性要求，它涉及产品的质量、结构、工艺、性能及其使用的方便性、安全性和使用环境的可靠性、宜人性等。

（2）经济，顾名思义，是产品经济性的体现，产品的价格、宣传、销售、售后的服务以及品牌认知等都是衡量的关键指标，要求产品从消费者和管理者的利益出发，做到物美价廉、具有社会价值。

（3）美观，描述的是产品审美性和创新性，是产品整体美感的综合体现，要求产品在造型上符合大众的认知和审美，在功能上具有一定的新颖

---

① 李乐山．工业设计思想基础［M］．北京：中国建筑工业出版社，2001．

性、简洁性和文化特征。

根据上面的论述，可以将绿色舒适产品的基本功能需求详细地整理出来，见表3-3所列。但是，产品的需求是非常复杂的、动态多变的，表3-3并不能完全涵盖所有的需求，针对每一款具体的产品，在不同的时间、不同的地域，需要根据设计师、工程师的工作经验进行增添。

表3-3 产品基本功能需求

需求分类	需求要素	需求分类	需求要素
产品质量	工艺精良	外观特征	颜色合理
	载荷力强		造型优美
功能要素	功能新颖	细节特征	款式丰富
	功能易用		结构精妙
	功能丰富		质感细腻
	功能可定制	品牌宣传	宣传推广
价　格	价格合理		
文化环境	流行时尚		售后服务
	有文化特征		
	趣味性强		品牌认知

3.2.2　绿色舒适产品的环境需求

对于产品的整个生命周期而言，产品的环境需求是贯穿始终的，产品生产者、开发制造商以及产品使用者等都包括在内。此外，在国家相关环保法律法规的要求范围内，产品的环境需求才能与之相适应，因此其涉及的范围更加全面。

相关环保法律法规的制定，是站在人类可持续发展的角度来的，最终的目标就是保护生态环境，同时对资源浪费现象进行控制。

产品使用者的环境需求，主要是为了给使用者一个良好的用户体验，同时希望保证使用者的身心健康。

产品生产者的环境需求，提供能够满足使用者的环境需求的绿色产品。总结以上需求，可以归结为以下几个方面。

（1）材料选择：探究材料对环境的影响。

（2）可拆卸性：产品便于回收和维护。

（3）易回收：方便回收再利用。

（4）能耗低：就耗能产品而言，优先选取成型加工工艺方便、回收处理便利的材料，从而节约在加工回收过程中的能耗问题。

3.2.3　绿色舒适产品的人机需求

人机工程学是作为可以解决人对产品的需求问题的学科，通过研究系统中人与其他部分交互关系得到相应的研究方法。具体来说包含以下几个方面。

（1）设计的出发点是人的自然尺度，人体各项尺度参数是重要标准，在人体疲劳特性和生理极限范围内要使产品实用功能得到实现。

（2）人的生理机能、心理机能要协调起来，比如色彩不同，人的视觉感受不同。

（3）人体的舒适范畴和安全尺度范围应包括产品的使用环境，在产品的使用中应当实现"人-机-环境"系统的协调统一。

3.2.4　环境需求与人机需求的相合性

人机工程学是研究产品、人、环境的学科，而产品绿色化，包括研究人与环境的生态可持续，以及产品与环境的绿色设计，是研究从人到环境到产品的学科。两个学科其实是对人和产品之间作用环节的不同解释。

只有充分考量环境的需求，实现自然的可持续发展，才能最终满足人的需求。也只有充分考虑人的需求，才能保证环境的需求是满足人的生存和延续的。从这个层面上来说，环境需求与人的需求是和谐统一的，追求环境的舒适与可持续发展和人的需求的充分满足是相互协调的，但是在保证满足个体人机需求的同时，也要处理好人类生存的环境需求与人机需求的关系，力求人机需求与环境需求和谐相处。

3.2.5　环境需求与人机需求的冲突

产品中的人机友好是指产品适合人们使用的一面，包括健康、安全、舒适等，从前面的分析可道，不同人的需求是多种多样的，如果一味地考虑个性化的需要，势必会带来设计的复杂性，带来更多的资源、能源的消耗或更多的废物排放，无疑与绿色产品的设计理念是相左的。

绿色产品强调的是对环境的友好性，也是环境对人友好的过程。但是环境的友好性往往并不是个体考虑的问题，正是绿色设计的要求，使得个体的需求受到一定的限制，这是思想上的激烈冲突。

另外，产品的环境需求、人机需求，在设计过程中都难以进行准确的量化，且需求之间在材料的选择、物料的用量、工艺的使用和结构的设计等方面也容易存在不同程度的矛盾与冲突。在转换成设计要素时，这些物理矛盾和技术矛盾，也给设计要素的优化配置带来极大的困难。

针对绿色舒适产品设计，绿色需求和人机工程需求不能放在两个对立面上进行，要辩证看待二者的联系。因此，要建立一套分析方法去正确理解"人机-环境"需求，协调好人与自然的矛盾，在绿色设计和人机工程学设计之间建立平衡关系。

3.3 产品环境需求的获取和表达

随着人类认识水平的提高，设计行为的必然趋势是将绿色设计理念贯彻在产品设计的初始阶段（客户需求采集阶段），然后随着需求的协调逐渐成为新的产品。

3.3.1 产品环境需求的来源

产品环境需求是一类特殊的产品性能，面向产品的整个生命周期，所以涉及的范围较为广泛。

必须在减少资源能源的消耗、防止环境污染的基础上，从人类长远利益出发来制定环保法规。

产品终端用户之所以对于环境有所需求，其目的是保障生活质量。

产品开发制造商的产品环境需求，主要体现在绿色设计及其制造技术上。

（1）材料选择：要求选用环保材料，以减少对环境的影响。

（2）可拆卸性：要求设计的产品具有易于拆装、维护方便的特性，其连接方式应进行合理规划，从而保证对可重用材料进行充分的回收利用。

（3）易回收：要求采用易于回收的材料或结构。

（4）节能性：在整个生命周期中产品所消耗的能量要降低到最小，以达到节能降耗、保护环境的目的。

（5）符合环保法规：产品的竞争力提高要在相关环保法律法规规定的前提下进行。

3.3.2 产品环境需求的获取

目前获取相关绿色产品需求信息的主要途径有：用户需求调查、本企业历史订单分析、对专利文献和政策律例开展调研、参考和借鉴其他企业同类产品的样本。

（1）用户需求调查。在调查过程中，需要完成对原始的客户需求资料的搜集、整理与分析，并且得到相关报告资料。

（2）本企业历史订单分析。分析企业过去几年的订单，合理预测需求发展趋势。

（3）对专利文献和政策律例开展调研。政党机关发布的文件、政策等通常会对企业新产品开发活动产生至关重要的影响，为获得导向性的全面需求信息，可分析境内外政治和经济形势；对于科技文献中所提到的对于新的材料、技术及处理工艺所带来的影响进行分析。

（4）参考和借鉴其他企业同类产品的样本。产品样本对于新产品造型、设计或仿制有一定的参考和借鉴作用。可以学习参考其他产品的设计思路，帮助企业追赶与其他企业产品的差距。

3.3.3　产品的环境需求的表达

绿色设计需求分析中，环境需求信息是最重要的信息，但其信息的原始状态语义是混沌的、模糊的甚至是存在相互矛盾的，需要使用产品需求分解的方法来解决。①

1. 语义分割（复杂需求分割）

与产品自身的具体情况相结合，运用语义分割等方法，以达到将客户提出的需求分解为完整、独立的需求模块的目的。

2. 语义转换（需求单元规范化）

分解客户需求进行语义分割后，再通过语义转换，将这些分解后的需求模块进行规范化描述，转换为可以识别的专业语言。

3. 需求合并与补充

由于客户需求规范化后有可能有不同程度的重复，对这些需求单元须要进行整理与合并，使得到的需求单元是整体统一的。另一方面，结合设计工作者自身的设计经验以及产品本身的因素，对客户的需求单元进行相关的填充和完善。表 3-4 是对于其客户需求进行分解的示意。

---

① 卞本羊. 基于知识重用的绿色产品客户需求处理与转换方法研究 [D]. 合肥：合肥工业大学，2014.

表 3-4 复杂客户需求表达示例

输入需求项	处理过程	输出需求项
操作安全方便	语义分割	操作安全
		操作方便
成本低	语义转换	生产成本低
		使用成本低
		废弃物处理成本低
环境性能好	语义扩展与补充	易回收
		能耗低
		污染排放小
		材料消耗低

目前，学术界对于绿色需求的研究成果相对来说较为完善，根据相关的参考资料，以及前期的研究成果①②，将收集到的绿色需求进行语义分割、语义转换、需求合并与补充，具体见表 3-5 所列。

表 3-5 产品环境需求要素

需求分类	需求要素	需求分类	需求要素
技术需求	可回收	资源需求	资源利用率高
	可拆卸		资源可循环利用
	工艺绿色		易于分类
	维护快捷	能源需求	使用清洁能源
	制造技术先进		降低能源的消耗
	零部件可替换		易于运输和储存
	耐久性强	经济需求	成本低、效益高
	易于清洁		运输的经济性
环境需求	材料环保		使用维护的成本
	排放安全		回收的成本
	运输安全		
	处理、填埋方便		可重复使用率
	包装环保		

---

① 刘志峰，张福龙，张雷，等.面向客户需求的绿色创新设计研究［J］.机械设计与研究，2008，24（1）：6-10.

② 戚赟徽.面向能源节约的产品绿色设计理论与方法研究［D］.合肥：合肥工业大学，2006.

3.4　人机需求的获取和表达

在用户对于产品的需求中，除了最基本的功能需求和结构需求外，人机需求成为越来越重要的用户需求。

3.4.1　产品人机需求

在产品设计中，人的需求很难进行定量描述，是一个很宽泛的概念，而人机工程学为产品中人的需求提供了一个新的研究平台，形成了全面系统的框架，其中包含大量的技术案例以及研究成果。在人机工程的设计指导下进行相关的研究，能够获得相对理性、明确的指标，为研究结果提供更加符合科学依据、强有力的理论支撑和技术支持。

产品设计的人机需求是指与人机工程学相关的理性需求，包含以下几个方面。

（1）产品设计要以人体尺度参数为标准，记录并应用人的自然尺度，使其功能能够在人体疲劳特性和生理极限内实现。

（2）产品与人的生理、心理机能要协调，如视觉层面，产品色彩会对人的感受产生不同的影响。

（3）产品的使用环境应与人体的舒适范围和安全限度相契合，从而为人体的健康、安全提供保障。

（4）产品应高度协调"人-机-工作环境"的关系，从而使得使用效率和系统性能得以提高。

3.4.2　产品人机需求的获取

根据人机需求的含义以及人机工程学的主要研究范围，可将人机需求的获取范围归纳为人的需求、机的需求、工作环境需求、综合需求 4 个领域。[①]

3.4.2.1　人的需求

（1）人体尺寸参数：主要包括在动静两种情况下，人的姿势及活动范围等。这属于人体测量学的研究范畴。

---

①　丁玉兰. 人机工程学 ［M］. 北京：北京理工大学出版，2017.

（2）人的机械力学参数：主要包括人的操作速度、操作频率、动作的准确性和规范程度等。这属于生物力学和劳动生理学研究领域。

（3）人的信息传递能力：主要包括人对信息的识别、记忆、表达。

（4）人的可靠性及作业适应性：主要包括人在劳动过程中行为的可靠程度以及心理自动调节能力。这属于劳动心理学和管理心理学研究领域。

总而言之，在产品的人机系统设计时应科学合理地选用参数，以满足产品设计过程中涉及的诸多学科的标准。

3.4.2.2 机的需求

（1）操纵控制需求：在机器中接受人的指令的各种装置的设计和排列必须以人的输出能力为基础，如方向盘、按键等。

（2）信息显示需求：机器接受指令后，其中一部分装置承担着向人作出反馈的任务。快捷、准确和清晰是反馈的要求，同时要综合考虑到人各种感觉通道接收信息的能力强弱差别。

3.4.2.3 工作环境需求

人们在地面、高空或地下面临的复杂环境都影响着人类工作及系统运行的形式和效率，甚至会对人的安全产生影响。其产生影响的环境因素主要有以下几个方面。

（1）物理环境：主要有气压、噪声、引力、振动、磁场、湿度等。

（2）化学环境：主要指有害化学性物质等。

（3）心理环境：主要指作业空间、整体布局与美感等因素。

对于工作环境的安全、高效、舒适等要求的生理、心理需求称为工作环境需求。

3.4.2.4 综合需求

综合需求主要应从以下几方面情况进行考虑。

（1）人机间的配合与分工：对人与机的特征、机能进行综合的考虑，使二者之间合理配合，扬长避短（也称人机功能分配）。

（2）人机信息传递：人通过执行器官向机器发出指令信息，并通过感觉器官接收机器反馈回来的信息。

（3）人的安全防护：实施间接安全技术，减少事故发生的概率，如设置安全防护空间距离等。

3.4.3 产品人机需求的表达

目前，人机需求项目并没有统一的标准，针对人机需求的主观性和不确定性，本书获取相关的产品人机需求的主要途径有：用户身体尺寸、用户需求调查、用户心理研究、专利文献调研、安全法规研究、企业同类产品的样本等。

在获得用户的产品人机需求的描述后，需要对需求进行管理和分类，然后按照逻辑关系进行归类分组，可以更直观方便地推测用户需求的不一致性和冗余性。对于人机属性的归类来说，最基本的分类方法是按照上文提到的人机需求的不同领域分类，人机需求的领域、特征、指标描述见表3-6所列。

表 3 - 6　人机需求

需求领域	需求特征	需求指标描述
人的需求	外观特征	大小、长度、重量、体积
	力学特征	速度、力量、关节、支撑
	物理特性	耐热、保湿
	光学特性	透明、遮光
	几何特性	角度、位置、姿势
	化学特性	腐蚀性、不燃性
机的需求	效率性	操作容易性、自动化
	安全性	无害性、安全保护
	拆卸性	零部件拆卸、替换
	耐久性	故障率、维修
	电学性	绝缘、导电性
工作环境需求	作业性	感觉、触觉、视觉
	环境性	宜人、习惯、道德
	可靠性	安全、温度、湿度
综合需求	分配性	人机交互、互补性
	信息性	信息量、正确性

同样，将上述收集到的需求进行语义分割、语义转换、需求合并与补充，并在企业和高校范围内，征集9名人机工程学专家，采用德尔菲法，通过三轮意见征询，对需求要素进行表达，整理结果见表3-7所列。

表3-7　产品人机需求要素

需求分类	需求要素	需求分类	需求要素
生理需求	四肢操作舒适	环境需求	民族习惯习俗
	震动受力合理		社会道德标准
	结构稳定		减少噪声干扰
	符合人体尺寸		温度、湿度合适
	符合使用习惯		光照合理
	安全健康		环境内部各因素协调
	静电合理	心理需求	色彩搭配合理
	自动化		材质接触舒适
	交互高效		形态人性化

3.5　需求获取和表达实例分析

随着社会的发展、科技的进步，各式各样的汽车逐渐成为现代人生活中不可或缺的一部分，其安全、舒适等性能也越来越受到人们的关注。汽车座椅作为驾驶期间与人的身体接触时间最长、接触面积最大的部件，安全性和舒适性显得越发重要。在为驾驶者提供舒适、安全的驾驶体验的同时，企业还要兼顾成本利益和国家规定，所以在现代的汽车座椅的设计中，绿色性和舒适性的需求也成为两个重要的指标，所以本书选取小型汽车驾驶座椅的设计为案例，利用问卷调查方法，对用户需求进行获取和处理，为后续的设计过程及方法的描述作好准备。

汽车驾驶座椅的设计是与安徽奇瑞汽车股份有限公司的设计师、工程师们的合作下共同完成的。本次设计的目标是针对较为高端的消费市场，提供一款绿色性能和舒适性能俱佳的新型汽车驾驶座椅，要求具备良好的人机形态、乘坐舒适、色彩宜人、安全健康，同时要求可拆卸回收、性能良好、材料环保、易于清洁、功能易用、结构稳定、工艺精良等。汽车座椅是市场上相对成熟的产品，项目组的设计师们具有多年的汽车设计工作经验，因此可以略去专家访谈、产品使用情景分析等需求采集的过程，参考表3-3产品基本功能需求后，给出了汽车座椅基础功能需求描述，见表3-8所列。参照表3-5产品环境需求要素，选取适合汽车座椅绿色需求描述，见表 3 - 9 所列。为了满足座椅的人机需求，参照表 3 - 7 产品人机需求要素，选取与汽车座椅人机需求描述，见表 3 - 10 所列。

表 3 - 8　汽车座椅基础功能需求描述

需求类型	需求要素
基础需求	载荷力强
	功能易用
	价格合理
	流行时尚
	有文化特征
	色彩搭配
	造型优美
	工艺精良
	结构精妙

表 3 - 9　汽车座椅绿色需求描述

需求类型	需求要素
绿色需求	可回收
	可拆卸
	工艺绿色
	维护快捷
	制造技术先进
	零部件可替换
	耐久性强
	易于清洁
	材料环保
	运输的经济性
	使用维护的成本

表3-10 汽车座椅人机需求描述

需求类型	需求要素
人机需求	材质接触舒适
	结构稳定
	符合使用习惯
	四肢操作舒适
	色彩搭配合理
	形态人性化
	自动化
	安全健康

3个方面的内容，共计28项，构成了本次汽车座椅设计的主要需求描述。对这些需求的不同选择，将会对产品的品质产生重大的影响。为了在设计过程中更好地把握产品属性，突出重要的设计参数，本书采用问卷调查的方式采集消费者、生产者的主要需求。汽车座椅设计过程中，涉及消费者客户（产品的使用者）、技术客户（产品开发过程参与者）、协作客户（产品生产、制造、运输等过程参与者）以及管理客户（产品使用过程的管理者）这4类用户，考虑到他们对产品属性的影响力程度，按照70%、10%、10%、10%的比例进行分配。由于设计目标是针对较为高端的消费市场，需要选取有驾驶经验的用户，因此委托3家高端品牌汽车4S店的销售人员，寻找了100名驾驶员参与调查。其他的3类人员来自相关的企业、高校及政府工作人员。

本次调查的主要目的是获取用户需求，掌握用户对产品各种要素的需求程度，即各项需求的重要度，这些数据将会影响需求参数的选取，因此问卷的制作有一定的特殊性。初步的调查，项目选取尽量全面，内容控制在30项之内，以免内容过多分散用户的注意力。问卷包含上述筛选的28项内容，每一项内容均按照李克特量表的计量方式，分成5级，其中：极不重要（1分）、不重要（2分）、一般（3分）、重要（4分）、极为重要（5分）。要求被调查者根据自己的需要，判断每个需求指标对汽车驾驶座椅影响程度的大小，并给出相应的评分。调查问卷Ⅰ见附录，示意图如图3-4所示。

小型汽车驾驶座椅需求调查表

尊敬的用户，您好！为了更好地设计小型汽车驾驶座椅，使其具备更好的性能，特别拟定此问卷，希望能够得到您的支持。下表的内容描述了座椅的基础功能需求、人机需求与绿色需求要素，请您根据对此类产品的需求，进行各要素的重要度评分。其中，重要度分为 5 个等级，分别是：极不重要 1 分、不重要 2 分、一般 3 分、重要 4 分、极为重要 5 分，请在对应的选项下方打"√"，感谢您的支持与配合！

重要程度	极不重要	不重要	一般	重要	极为重要
评级	1	2	3	4	5

人机需求	1	2	3	4	5
1. 材质接触舒适					
2. 结构稳定					
3. 符合使用习惯					
4. 四肢操作舒适					
5. 色彩搭配合理					
6. 形态人性化					
7. 自动化					
8. 安全健康					
绿色需求	1	2	3	4	5
1. 材质接触舒适					
2. 可拆卸					
3. 符合使用习惯					

图 3-4　问卷 I 示意图

调查共发出问卷 160 份，回收 152 份，回收率 92.5%。问卷测试过程中，随机选取了 10 名被试进行调查，一周后又用相同的问卷进行测试，信度检测达到 0.956，说明被试选择合理。问卷的内容包含人机需求、环境需求、基本功能需求，量表指示清晰，问题的设置有区分度，效度合理，问卷调查真实有效。通过问卷 I 调查得出的数据，进行均值化处理，可以得出各个需求的重要度因子，见表 3-11 所列。

表 3-11　问卷调查结果

需求类别	需求要素	重要度因子
人机需求	材质接触舒适	4.43
	四肢操作舒适	4.15
	结构稳定	3.98
	符合人机尺寸	3.53
	震动受力合理	3.47
	色彩搭配合理	3.15
	形态人性化	3.35
	符合使用习惯	2.80
	自动化	3.15
	安全健康	2.85
环境需求	材料环保	3.95
	耐久性强	3.70
	可拆卸	3.65
	易于清洁	3.63
	零部件可替换	3.55
	可回收	2.50
	工艺绿色	2.80
	维护快捷	3.33
	制造技术先进	3.25
	运输的经济性	3.13
	使用维护的成本	2.80
基础功能需求	载荷力强	3.28
	功能易用	3.20
	价格合理	2.95
	流行时尚	3.15
	有文化特征	2.86
	色彩搭配	3.05
	造型优美	3.37
	工艺精良	3.42
	结构精妙	3.00

分别对人机需求和环境需求进行排序，可以分别得到不同类别需求要素的排名。本例中分别选取排名前 5 位的需求要素，作为后文座椅设计的输入参数，见表 3 - 12 所列。

表 3 - 12　需求要素的重要度

需求分类	需求要素	重要度统计
人机需求	材质接触舒适	$Z_1 = 4.43$
	四肢操作舒适	$Z_2 = 4.15$
	结构稳定	$Z_3 = 3.95$
	符合人体尺寸	$Z_4 = 3.63$
	震动受力合理	$Z_5 = 3.55$
环境需求	材料环保	$Z_6 = 3.95$
	耐久性强	$Z_7 = 3.7$
	可拆卸	$Z_8 = 3.65$
	易于清洁	$Z_9 = 3.5$
	零部件可替换	$Z_{10} = 3.47$

第4章 绿色舒适产品的共生系统构建

共生概念的出现源自生物界，最早由德国生物学家得贝里提出，是指不同生物密切生活在一起，且两个或多个生物，在生理上相互依存程度达到平衡的状态，而不是一方依赖另一方的关系。生物圈内，各类生物间以及与外界环境之间通过能量转换和物质循环密切联系起来，形成共生系统，这是广义的共生；而狭义的共生是指生物间的组合状况和利害关系，是指由于生存的需要两种或多种生物之间必然按照某种模式互相依存、相互作用地生活在一起，形成共同生存、协同进化的共生关系，共生概念的提出和共生系统的完善为解决生物间的复杂关系提供了便利。① 随着人们对共生系统研究的不断深入，共生概念被广泛引入解决各种非生物之间的关系中，并逐步形成了共生的理论框架。本章借鉴袁纯清先生的共生理论系统②，构建绿色舒适产品共生系统模型，在此基础上提出相应的解决问题的策略和方案。

4.1 共生系统的基本理论

4.1.1 共生的三要素

研究发现，共生系统中存在着普遍的规律性，即一种共生关系的存续具有必不可少的环节。相关学者将共生单元、共生模式和共生环境定义为构成共生系统的三要素。在共生关系的 3 个要素中，共生模式是关键，共生单元是基础，共生环境是重要的外部条件，如图 4-1 所示。

---

① 徐蔼婷.德尔菲法的应用及其难点［J］.中国统计，2006（9）：57-59.
② 袁纯清.共生理论：兼论小型经济［M］.北京：经济科学出版社，1998.

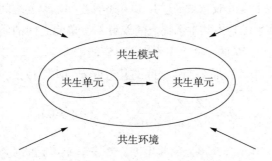

图 4-1　共生三要素之间的关系

4.1.1.1　共生单元

共生系统中，共生单元构成共生系统的基本物质条件，是能量生产和交换的基本单位。为了研究共生单元之间的相互影响及其与外界的关系，特别定义共生单元的两个特征参量：质参量和象参量，其中质参量表现其内部特征，象参量反映其外部特性，象参量通过影响质参量的变化而影响系统的属性。

1. 共生单元的质参量

质参量反映共生单元内涵特征及其产生进化与发展的因素，是一个动态的概念，具有不唯一性。往往由一组质参量的协同作用引起共生单元的内涵特征的变化，并且各个质参量的相互权重也不同，主要质参量在特定时空条件下发挥主导作用。

2. 共生单元的象参量

象参量反映共生单元外在性质及其发展与进化的因素。就共生单元而言，象参量也具有不唯一性，一般来说，共生单元的外部特征的变化往往是受一组象参量的协同作用。

3. 质参量与象参量的关系

象参量生动描绘共生单元的外在特征，质参量决定共生单元的内涵特征和关系变化，二者相互作用、协同构成一个完整的共生单元。象参量的量变会实现质参量的质变；反之，质参量的改变也会使象参量发生相应的变化。二者之间的相互作用是共生单元不断变化发展的引擎力量，也是共生系统功能实现的重要基础。

4.1.1.2　共生模式

共生模式是共生单元间物质交换和能量传导的形式，体现了共生单元之间相互进化与发展的形式。按照生物学研究的成果可以知道，共生包含寄生、偏利共生和互利共生等多种方式。

本书引入共生度的概念来描述共生模式下各共生单元之间的物质、信息和能量关系。共生度是指共生系统之间或者共生单元之间的质参量变化的联系程度。如果有 A、B 两个共生单元，A 对应的象参量是 X_i，质参量是 Z_i，B 对应的分别是 X_j 和 Z_j，那么二者之间的共生度 σ_{ij} 可以用公式 4-1 表示：

$$\sigma_{ij} = \frac{\mathrm{d}Z_i / Z_i}{\mathrm{d}Z_j / Z_j} = \frac{Z_j \mathrm{d}Z_i}{Z_i \mathrm{d}Z_j} \qquad (\mathrm{d}Z_j \neq 0) \qquad (4-1)$$

其中：σ_{ij} 表示 A 单元对 B 单元的共生度，Z_i 表示 A 单元的质参量，Z_j 表示 B 单元的质参量，$\mathrm{d}Z_i$ 表示 Z_i 的增量，$\mathrm{d}Z_j$ 表示 Z_j 的增量。共生度 σ_{ij} 阐述的是 A 单元与 B 单元之间主要质参量变化率的关联性关系，表明 A 单元的变化对 B 单元的影响。同样地，共生度 $\hat{\sigma}_{ji}$ 表明 B 单元的变化对 A 单元的影响。

由于主要质参量在共生单元或共生系统中发挥着主导作用，象参量积累到一定的量才会对质参量产生影响。在某个固定的时间段内，象参量的影响是相对稳定的，不会产生质参量的变化。因此，在共生理论分析中，主要探讨质参量的共生度，而不考虑象参量的影响。

由表 4-1 可得，$\sigma_{ij}>0$ 表示共生单元 A 的主要质参量在 A 与 B 的共生系统中起到正向促进的作用；$\sigma_{ij}=0$ 表示共生单元 A 的主要质参量在共生系统中对 B 的主要质参量影响微小；$\sigma_{ij}<0$ 表示共生单元 A 的主要质参量在共生系统中起反向抑制的作用；同理可知，B 的作用机理与 A 的相同。

表 4-1　共生单元 A、B 主要质参量共生度的关系

σ_{ij} ＼ $\hat{\sigma}_{ji}$	>0	=0	<0
>0	正向共生	正向偏利共生	寄生
=0	正向偏利共生	并生	反向偏利共生
<0	寄生	反向偏利共生	反向共生

4.1.1.3　共生环境

共生单元之间的关系是在一定的环境中产生和发展的，即共生环境。是由除共生单元之外的所有因素的总和构成，是共生模式形成和发展的物质基础，借助环境变量的作用，影响共生关系的演变。例如：植物存在大气环境及其他动植物构成的环境中，与植物共生的菌类存在土壤环境或水环境中，与家庭共生体对应的有社会环境，与企业共生体对应的有市场环境和政策等。共生关系存在的环境往往是多重的，不同种类的环境对共生

关系的影响也是不同的。按影响的方式不同，可分为直接环境和间接环境；按影响的程度不同，可分为主要环境和次要环境。共生环境会对共生单元的共生模式起到很大的影响作用，往往也是难以抗拒的。在本书的研究中，对产品的设计需求的影响来源于人、企业、社会的不同表达，构成了产品人机需求单元和环境需求单元的外部环境，随着社会的变化，这些外部因素发生变化，直接影响产品设计中人机需求单元和环境需求单元的变化，从而影响产品属性的变化。

4.1.1.4　共生模式解析

共生系统中各个要素之间的相互作用关系可用共生模式来描述。共生模式反映各组分之间作用与联系的方式。参照表 4-1，可以将共生形式分成 3 个类别：寄生模式、偏利共生模式以及互利共生模式。通过分析各种共生的行为内部存在合理性，可以对它们进行认识及选择。[①]

（1）寄生模式。共生的特殊形式，寄生含有两点特殊的不同：第一，这种模式之下的共生仅仅会将能量进行配置的改变，而不会有新的能量出现；第二，这种模式下的能量，只会流向寄生者的单一方向。可以说，只有寄生者在单纯的对能量进行使用，寄主是这一过程的物质来源。单元特征方面，只有在性状上不一致、不对称的单元之间才能构成寄生关系。

（2）偏利共生模式。偏利共生，是共生模式中一种较为少见的中间模式。偏利共生的特点是：第一，能量的运动只有一个方向且会有新的能量生成；第二，偏利共生需要某种特定的介质才能存在和发展，整个过程中，新的能量会产生，但不是能量之间的转化。对于偏利共生来说，有一个很大的核心特点便是利他性。在相对封闭的环境体系当中，该共生模式对一方（非获利的一方）的进化与发展没有任何帮助，而对另一方（获利的一方）起到正向的促进作用。偏利共生可以说是并没有可持续的思想形式，偏利共生的稳定性主要取决于共生介质，这种特殊的共生介质性质越稳定，对偏利共生关系的调节能力越强，共生关系的稳定性越好。

（3）互利共生模式。互利共生分为非对称性互利共生和对称性互利共生。非对称性互利共生，具有与其他模式不同的特征，例如：通过各组分之间的分工，使得新的能量生成；造成了一种不是对称性的影响，改变着新能量中的分配活动；这种模式中的物质信息交流是多种方向的，即多向性，人们可以根据它来分辨共生的优劣程度。对称性互利共生，稳定性最

---

① 郝迎霞，颜忠诚．浅谈生物共生现象的分类［J］．生物学通报，2012，47（11）：14-17.

强，能够更好地凝聚共生单元的共生关系。实际上，人们很难看见绝对意义上的互利共生。对称性互利共生能够产生并且交换更多非物质信息，能够均等地对共生的各组分进行能量分配。全部共生单元都因为这个特点得以进化，更适应地生存，更好地繁殖，并且全部的共生单元的进化都能够平等地得到，可以使共生单元间构建新的形式。因为平均广泛地分配能量，所以各组分的能量积累能够同时开展，进化和发展是最快的，具有较稳定的系统特征。

4.1.2 共生的一般条件和时变性

4.1.2.1 共生的一般条件

根据共生理论，共生关系需要满足一定的条件，可以概括为以下方面。

（1）某些共生单元之间如果需要构成共生关系，必须具有一定空间与时间上的联系，并以某种共生界面为介质形成共生通道。这种共生界面，不仅可以为共生单元提供接触机会，也会逐渐成为共生单元之间物质、信息和能量的转移传递通道。

（2）各单元之间交流与联系的稳定性由共生界面实现。这种联络有以下 3 种作用：每个共生单元在各自功能上都有一定的缺陷，而这种联络就可以通过促进共生单元之间的分工来弥补这些缺陷；它可以促进共生单元的共同进化；每个共生系统中的质参量都具有一定的形式和规定的进化方向，这种联络就可以使共生单元按照质参量的方向形成新的结构。

（3）在共生关系形成的过程中，共生选择是具有规律性的。一方面，共生单元之间的共生选择都会去挑选有利于自身进化与发展、增大能量并且降低成本的共生对象。另一方面，共生关系的形成是有过程的，而不是一步完成的，更不是一成不变的，随着相互识别和认识的提高以及环境的变化，共生单元之间的共生关系也会随之改变。

4.1.2.2 共生的时变性

共生是一个系统演化的动态过程，在共生形成过程中，系统为了与不同的相关要素去共同适应复杂多变的环境而逐步进化，从而形成共生的现象。任何共生体的形成和发展都是具有目的性的，个体间的识别是共生体形成的前提。共生关系刚开始建立时，个体间会进行相互识别和双向进化的过程，这个过程具有极大的随机性和不稳定性。在共生单元相互识别后，会经历一个漫长的时间进行调整与进化，在这个过程中共生单元各自在结构上不断完善和调整去适应共生关系，共生单元之间的随机性会被逐渐削弱，共生界面的稳定性随之增强。

在共生单元之间相互适应后，共生体便从适应阶段进入了发展阶段。此阶段中，共生效应逐渐增强并趋于最大化，各个共生单元间的相互作用也趋于稳定。在共生进化过程中，单元与单元之间的变化是相互匹配的，一者或多者的进化过程发生渐变或者突变后，其他与之相关的单元也会作出相应的变化与反应，从而达到最佳的匹配状态。虽然这个过程具有相应的匹配度，但是由于个体之间存在差异，各共生单元的演化速度也会出现与整体演变不一致、不协调的情况，从而使一些演化较快或较慢的单元逐渐变得不适应原有的共生关系而被淘汰，最后会导致共生关系的解体。至此，共生个体就会开始新一轮的共生选择，形成新的共生关系。共生时变过程如图 4-2 所示。

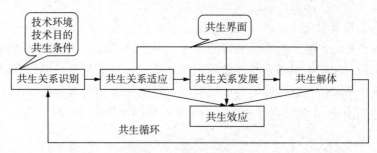

图 4-2 共生时变过程

4.2 绿色舒适产品系统共生关系解析

4.2.1 绿色舒适产品共生条件分析

4.2.1.1 绿色舒适产品共生界面

共生界面是指共生单元之间的接触方式和机制的总和，或者说共生单元之间物质、信息和能量传导的媒介、通道或载体，它是共生关系形成和发展的基础。共生界面既有无形界面，也有有形界面；既有单介质界面，又有多介质界面；既有单一界面，又有多重界面；既有内生界面，又有外生界面。对一种确定的共生关系而言，共生界面往往是多种形式的组合。[①]

---

① 袁纯清. 共生理论：兼论小型经济 [M]. 北京：经济科学出版社，1998.

绿色舒适产品设计

就产品设计而言，最终呈现的是与需求相对应的产品形态。产品形态构成的过程中需要相关的生产制造手段相配合，在这个过程中人机需求和环境需求两个共生单元进行广义的能量、信息和物质的交换形成共生界面是共生条件中重要的环节。

人机需求和环境需求是构成绿色舒适产品设计最主要的设计因素，在产品的形态构成过程中产生融合或冲突的关系。可以看出，产品构成过程中的交换成为人机需求和环境需求共生关系存续的重要介质。

为方便地讨论产品需求的共生关系，将产品形态分成 3 部分：基本功能形态、人机形态和环境形态。其中，配合基本功能的形态，是产品设计中必不可少的部分，往往由机械设计理论所确定，书中不作过多的讨论。

4.2.1.2 物质、信息、能量交换关系

绿色舒适产品在人机需求和环境需求的表达的各个阶段中，既存在直接的物质和能量交流，也存在需求信息表达关系的交流。

绿色舒适产品人机需求和环境需求的共生，不仅要满足物料与能量的合理利用，实现人机需求与环境需求的物质交换和能量交换的循环，同时要实现消费群体与社会环境的人机需求与环境需求的合理分配与均衡的需求表达，图 4-3 为绿色舒适产品系统的物质循环与需求信息关系图。

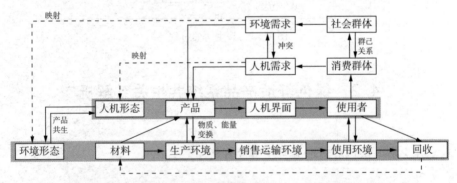

图 4-3 绿色舒适产品系统的物质循环与需求信息关系图

由图 4-3 可看出，设计来源于客户需求，本系统中，主要是指用户对人机形态产生人机需求，对环境形态产生环境需求。这些需求转化为设计师需要的设计需求，通过生产过程的物化，形成产品设计形态的转化，在此过程中通过映射环节完成需求之间的物质、信息、能量交换。

产品设计过程中难以充分协调各消费群体与社会的需求，在有限的物质能量使用的情况下，产生产品的人机体验欠佳，或生命周期过程中对环境产生不良影响的状况。通过对消费群体人机需求和社会的环境需求的采

集与预测，协调需求要素在物质、信息、能量交换过程中出现的矛盾和冲突，可以在很大程度上缓解上述问题，实现绿色舒适产品系统的共生。

4.2.1.3　产品共生单元的选择

共生关系的形成，需要经历单元之间的相互匹配和选择，随着相互识别和认识的提高以及环境的变化，形成可靠的伙伴关系，因此，共生选择成为共生关系形成和发展的重要前提。通常来讲，共生伙伴的选择以对于自身功能提高性强、匹配度高为依据进行。对于绿色舒适产品来说，目的是实现产品的绿色度和舒适度的协调与共同提升，因此，通过人机需求和环境需求的相互选择，便可以形成相对稳定的共生伙伴。但是分析发现，二者之间在不同产品中，在共生界面上会存在一定程度的矛盾，并不是一开始就能形成稳定的共生关系，对于某些绿色舒适产品来说，最初形成的共生关系的共生度是相对较低的，随着共生环境的变化，即需求环境的变化，二者之间的共生关系会受到促进。随着时间的推移，共生单元之间依然无法相互匹配的产品，将会被逐渐淘汰，退出需求市场。

因此，绿色舒适产品的共生单元之间的共生关系是复杂的，共生单元的选择有阶段性与过程性。现代设计中，用户消费观念和认知的提升、社会发展需求的改变以及社会管理者决策的完善等，要求产品在满足大众需求的同时，实现社会利益的最大化，因此对于人机和环境的需求越来越高。所以，产品人机需求和环境需求与社会和科技的发展密不可分，并且在产品中逐步实现和谐共生，实现质的飞跃，绿色舒适产品的共生单元最终都会走向健康的共生状态。

4.2.2　绿色舒适产品共生环境解析

共生环境是共生模式的形成和发展的物质基础，借助环境变量的作用，影响共生关系的演变。产品的共生环境主要为"人机-环境"组成的系统，由于各个组分的关系受到不同层次的影响，一般来说较为复杂。

麦克利兰和马斯洛都提出，可以对人的需求进行层次上的划分，但主要是针对单个的自然人。从总体的社会的群己关系分析，人与产品、环境的微观到宏观的关系中，存在着不同层次的需求。通过对人进行群己关系的分离，可以归纳出使用者到社会之间的多层次关系；对环境进行层次上的分离，可以分为使用环境、地域环境和社会生态环境等。

人对产品的最基本需求，即为对工具的功能需求。如远古时期用石矛狩猎，用瓦罐盛水等，说明人们需要某个产品的某项特定功能来解决某种具体问题。按照需求层次理论，人的本能需求是解决生理问题，如石矛狩猎是为了解决饥饿问题，瓦罐盛水是为了解决口渴问题。随着基本需求的满足，人们会生出更多的人机需求，例如：考古发现，瓦罐在历史发展的过程中，其原始的功能需求并没有发生太大改变，但除了可以盛水外，瓦罐的形态发生了更多的变化，如增添把手、底部面积变大、表面有花纹等，说明人们更希望产品具备方便握持、不易倾倒等人机属性。

相比于单个人对产品的需求，消费群体会表现出一定的集团性。市场上的某些群体往往表现出需求的一致性，这些需求除了包括最基本的产品功能需求、产品人机属性需求外，还存在一定的情感需求，例如：原始人会在瓦罐上绘制一些鱼和水的纹样，表示对水神的敬畏。因此，群体的需求会促进个人需求的升级，进一步促进整个社会的消费升级。

社会层面对产品的需求，更多的是对社会责任的描述。政府和一些社会组织，要求生产企业遵守相应的法律法规，承担相应的社会责任。这里，更多的是体现环境需求，主要包括生产企业承受产品生命周期中对环境产生的不良影响的义务。

通过上面的分析可以看出，个人、消费群体、企业、政府和一些社会组织，共同组成了产品的共生环境，通过不同的层级影响产品的需求，即影响人机需求和环境需求的关系。图4-4为共生环境中需求要素关系示意图。

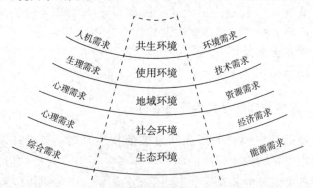

图4-4 共生环境中需求要素关系示意图

每个层次之间，都存在"人机-环境"的相对关系、从低层次到高层次需求的过程，体现社会发展的过程、产品发展的过程，同时体现人类不断改良环境以适应自身的过程。在"人机-环境"共生系统中，其中任何一个环境因素的改变，都会引起系统属性的变化。因此，对于产品共生系统而言，使用人群的变化，使用地域的变化、生产企业的变化、时代的变化，甚至政府主管部门政策的变化，都会影响需求的输入，从而影响整个产品系统属性的改变，但是相对于产品开发的时间阶段，这些需求都是相对静止的。

4.2.3 绿色舒适产品共生单元分析

按照共生理论分析，共生单元是共生系统最基本的组成部分，也是共生体最基本的组成部分，承担物质与能量的相互交换。对于绿色舒适产品系统的共生关系而言，产品的各种需求，如人机需求、环境需求，定义为产品内具有共生关系的共生单元。

对于人机需求单元，将人机需求要素（参照表 3-7 所列）定义为质参量，包括四肢操作舒适、震动受力合理、结构稳定、材质接触舒适等。在绿色舒适产品系统共生关系中，设相关的人机需求要素参数为 Y_i，则人机需求单元 H 可描述为所有相关人机需求要素参数的集合，$H = \{Y_1, Y_2, \cdots, Y_m\}$。

同样，对于环境需求单元，将环境需求要素（参照表 3-5 所列）定义为质参量，包括可回收、可拆卸、零部件可替换、耐久性强等。设该产品生命周期相关绿色参数记为 X_j，则环境需求单元 E 可描述为所有相关环境需求要素参数的集合，$E = \{X_1, X_2, \cdots, X_n\}$。

通过对人机需求单元和环境需求单元的评价，可以确定产品人机需求和环境需求中的主要要素，即起主导作用的主要质参量。

4.2.4 绿色舒适产品共生模式识别

绿色舒适产品系统的共生模式，主要是人机需求和环境需求之间的相互作用的方式和相互结合的形式。一方面反映了产品需求之间作用方式和作用强度，另一方面也反映了产品当前的人机、环境需求的满足状态。

根据前文［式（4-1）］描述的共生度的概念，判断人机需求和环境需求两个共生单元的共生关系，如图 4-5 所示。

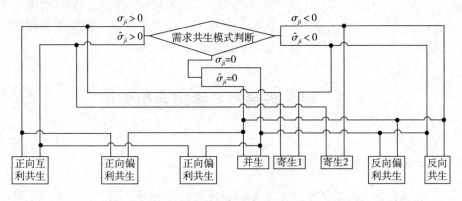

图 4-5 两个共生单元的共生关系

（1）当 $\sigma_{ij}>0$ 且 $\hat{\sigma}_{ji}>0$ 时，表明产品的人机需求和环境需求的主要质参量对于绿色舒适的产品共生系统（以下简称"共生系统"）均起到正向促进的作用，即二者均受益，表现为产品在设计、生产、使用、回收等生命周期过程中，可使用较少的物料和能源来解决产品的人机需求和环境需求。在此情况下，人机需求与环境需求互利共生，二者共同构成一个绿色舒适的产品共生系统。

（2）当 σ_{ij}、$\hat{\sigma}_{ji}$ 均不小于零且不同时为零时，说明人机需求单元和环境需求单元的主要质参量，在共生系统中，一个起到正向促进的作用，另一个在系统中的作用十分微小，二者共同构成一个偏利共生的共生系统。

① 当 $\sigma_{ij}=0$ 且 $\hat{\sigma}_{ji}>0$ 时，说明只有环境需求在共生系统中起到正向促进的作用且自身受益，而人机需求在系统中的作用十分微小，即在绿色舒适产品共生系统中，环境需求起主导作用，二者共同构成一个环境优先的绿色产品系统。

② 当 $\sigma_{ij}>0$ 且 $\hat{\sigma}_{ji}=0$ 时，说明只有人机需求在共生系统中起到正向促进的作用且自身受益，而环境需求在系统中的作用十分微小，即在绿色舒适产品共生系统中，人机需求起主导作用，二者共同构成一个人机优先的舒适产品系统。

（3）当 $\sigma_{ij}<0$ 且 $\hat{\sigma}_{ji}<0$ 时，说明人机需求和环境需求在共生系统中都起到反向抑制作用，即二者均不受益，则二者处于反向共生的状态，是产品共生系统退化的反映。

（4）当 $\sigma_{ij}=0$，$\hat{\sigma}_{ji}=0$ 时，说明人机需求和环境需求在共生系统中起到的作用十分微小，处于互不干涉的并生状态。在设计实践中，这是一种往往只考虑基本功能需求，不特别考虑人机需求和环境需求的产品。

（5）当 $\sigma_{ij}>0$，$\hat{\sigma}_{ji}<0$ 或者 $\sigma_{ij}<0$，$\hat{\sigma}_{ji}>0$ 时，说明人机需求和环境需求构成了一种寄生的行为模式，说明二者有一方在共生系统中处于能量输出的状况，长期下去，对于整个系统的进化也是不利的。

4.3 绿色舒适产品需求共生模型

4.3.1 绿色舒适产品系统构成

人机需求和环境需求的需求要素有很大的差异性，因此，二者对于形态的需求和表现也是截然不同的，甚至在某些"要素-形态"的转化中，会出现不同程度的矛盾。例如汽车座椅设计中，环保的材料选择可能会对座椅的舒适性产生负面影响，并在形态设计上难以符合人体的生理曲线等。因此，需要在共生界面上，判断二者之间的矛盾和冲突，进而采取一定的手段消解矛盾，实现二者的和谐共生，获得最优的形态表现。

人机形态是关于"机-人机界面-人"关系的产品形态的体现。本书主要研究产品具有直接接触获得的生理舒适性，即要求产品设计符合人机工程的各项参数和指标，通过改善接触面形态、面积、产品尺度、材质等指标使用户在使用和操作过程中，能够因接触感受的良好而产生愉悦的使用体验，这样的人机形态主要由人的生理结构确定。

环境形态是指产品中与环境相关的具体产品形态的体现，是一个较为宏观的概念。基于绿色产品设计的 3R 原则来看，产品设计包含从产品的材料选择到产品的淘汰回收，是从自然中来又回到自然中去的过程，因此，根据一般的经验，大部分的产品形态简洁、结构简单、材料复合程度低。而环境形态的表现，并不一定具有某种单独、具体的结构，而是可能隐含在其他形态的背后。

在绿色舒适产品系统中，人机需求和环境需求产生共生关系，它们通过一定的共生模式，在共生环境内、共生界面上，形成一定的共生机制，通过信息、物质、能量的交换，最后形成满足用户需求属性的产品，图 4-6 为绿色舒适产品系统构成。

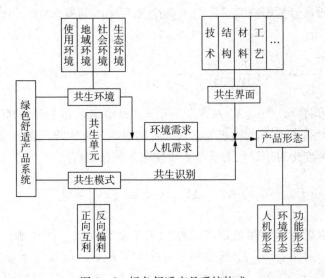

图 4-6 绿色舒适产品系统构成

在绿色舒适产品系统形成的过程中，由于产品开发时间有限，可以认为共生系统是基本静止的，各种需求不会因为短暂的时间变化而发生较大的变化，也就是说共生的象参量的影响较弱，因此共生环境中的时间因素是弱相关，系统中不再讨论共生的时变性。

4.3.2 绿色舒适产品需求共生模式判断

4.3.2.1 绿色舒适产品共生矩阵的定义

人机需求和绿色需求都由若干的需求要素组成。假设人机需求的主要质参量为 Y_i，$i = 1, 2, \cdots, n$，绿色需求的主要质参量为 X_j，$j = 1, 2, \cdots, n$。根据基本定义公式（4-1），可以推导 X_j 与 Y_i 之间的关系，进而分析人机需求的主要质参量与绿色需求主要质参量之间变化的相互影响关系。

由于 X_j 与 Y_i 之间关系紧密，二者之间存在着联系且变量不唯一，假设绿色需求的主要质参量 Y_i，$i = 1, 2, \cdots, m$ 与 X_i，$i = 1, 2, \cdots, m$ 存在下列函数关系：

$$Y_i = f_i(X_1, X_2, \cdots, X_n), \ i = 1, 2, \cdots, m \qquad (4-2)$$

其中 $f_i \in C^1(\Omega)$，Ω 为函数 f_i 的定义域，即 f_i 在定义域 Ω 上皆偏导连续。为了描述 X_j 的变化对于 Y_i 的影响，即人机需求的主要质参量的变化对于绿色需求主要质参量的影响关系，引入共生关系梯度的概念 ∇Y_i，计算如公式（4-3）所示：

$$\Delta Y_i = \Delta f_i = \left(\frac{\partial f_i}{\partial X_1}, \frac{\partial f_i}{\partial X_2}, \cdots, \frac{\partial f_i}{\partial X_m} \right)^{\mathrm{T}}, \ i = 1, 2, 3, \cdots, m \quad (4-3)$$

进而可将 $X_1, \cdots, X_n$ 对 $Y_1, \cdots, Y_m$ 的影响表示为矩阵 C，如公式（4-4），矩阵 C 则称为人机需求与环境需求的共生矩阵，表示人机需求主要质参量的变化对于绿色需求的主要质参量的影响程度。

$$C = (\Delta Y_1, \Delta Y_2, \cdots, \Delta Y_m) = \left(\frac{\partial f_i}{\partial X_j} \right) \qquad (4-4)$$

由于人机需求和绿色需求的作用关系是相互的，同样地，可以定义 $Y_1, \cdots, Y_m$ 对 $X_1, \cdots, X_n$ 的影响是一个偏导函数，假设 $X_j = g_j(Y_1, \cdots, Y_m)$，其中 $g_i \in C^1(D)$，D 为函数 g_i 的定义域，即 g_i 在定义域 D 上皆偏导连续，那么二者之间的共生关系梯度 ∇X_j 的计算如公式（4-5）所示：

$$\Delta X_j = \Delta g_j = \left(\frac{\partial g_j}{\partial Y_1}, \frac{\partial g_j}{\partial Y_2}, \cdots, \frac{\partial g_j}{\partial Y_m} \right)^{\mathrm{T}}, \ j = 1, 2, \cdots, n \quad (4-5)$$

同理，定义 $Y_1, \cdots, Y_m$ 对 $X_1, \cdots, X_n$ 的影响表示为矩阵 $\boldsymbol{B}$，如公式 4-6，矩阵 $\boldsymbol{B}$ 称为环境需求与人机需求的共生矩阵，表示环境需求主要质参量的变化对于人机需求的主要质参量的影响程度。

$$\boldsymbol{B} = (\Delta X_1, \ \Delta Y_2, \ \cdots, \ \Delta X_n) = \left(\frac{\partial g_i}{\partial X_j} \right)_{\substack{i=1, 2, \cdots, n \\ j=1, 2, \cdots, m}} \quad (4-6)$$

共生矩阵 $\boldsymbol{C}$ 与共生矩阵 $\boldsymbol{B}$ 也可表示成公式(4-7)、公式(4-8)，即

$$\boldsymbol{C} = (\sigma_{ij}) = \begin{pmatrix} \dfrac{\partial f_i}{\partial X_1} & \cdots & \dfrac{\partial f_i}{\partial X_n} \\ \vdots & \ddots & \vdots \\ \dfrac{\partial f_m}{\partial X_1} & \cdots & \dfrac{\partial f_m}{\partial X_n} \end{pmatrix}_{\substack{i=1, 2, \cdots, m \\ j=1, 2, \cdots, n}} \quad (4-7)$$

$$\boldsymbol{B} = (\hat{\sigma}_{ji}) = \begin{pmatrix} \dfrac{\partial g_j}{\partial Y_1} & \cdots & \dfrac{\partial g_j}{\partial Y_m} \\ \vdots & \ddots & \vdots \\ \dfrac{\partial g_m}{\partial Y_1} & \cdots & \dfrac{\partial g_m}{\partial Y_m} \end{pmatrix}_{\substack{i=1, 2, \cdots, m \\ j=1, 2, \cdots, n}} \quad (4-8)$$

基于共生矩阵 $\boldsymbol{B}$，$\boldsymbol{C}$，可对人机需求主要质参量与环境需求主要质参量整体之间的影响进行度量。定义其度量为公式(4-9)、公式(4-10)：

$$\mathrm{score}(\boldsymbol{C}) = \frac{\displaystyle\sum_{i=1}^{m} \sum_{j=1}^{n} \frac{\partial f_i}{\partial X_j}}{\displaystyle\sum_{i=1}^{m} \sum_{j=1}^{n} \left| \frac{\partial f_i}{\partial X_j} \right|} \quad (4-9)$$

$$\mathrm{score}(\boldsymbol{B}) = \frac{\displaystyle\sum_{j=1}^{n} \sum_{i=1}^{m} \frac{\partial g_j}{\partial Y_i}}{\displaystyle\sum_{j=1}^{n} \sum_{i=1}^{m} \left| \frac{\partial g_j}{\partial Y_i} \right|} \quad (4-10)$$

对比前文对于共生度的定义，score(C) 和 score(B) 即表示两个共生单元之间的共生度，但为了描述方便，依然使用 σ_{ij} 和 $\hat{\sigma}_{ji}$ 表示对于共生矩阵的度量。

4.3.2.2 绿色舒适产品需求共生模型

正向偏利共生、对称性互利共生及非对称性互利共生，表示在共生系统中，人机需求与环境需求在彼此的发展中都起着促进的作用，并对另一方不会产生负面影响，或者二者至少有一方占主导地位并且符合用户的需求，称为有利共生，产品的共生类别如图 4-7 所示；而寄生、并生、反向偏利共生及反向共生等，人机需求与环境需求，总有一方受到较大的负面影响，对于产品的设计和生命周期都是不健康的存在方式，称为不利共生。这种情形下的需求组合往往比较偏颇或者走向极端，说明人机需求与环境需求在共生系统中难以协同发展，并且难以满足用户需求，因此不建议按照这种需求继续进行设计，而是返回需求采集环节，重新进行需求的检查和评估，生成新的需求后，再重新进入设计流程。

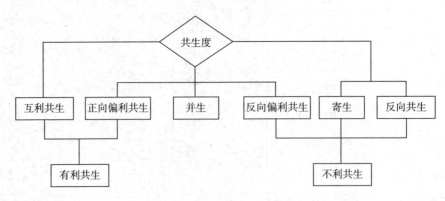

图 4-7　产品的共生类别

根据前文 [公式 (4-1)] 共生模式的判据可知：

（1）当 $\sigma_{ij}>0$ 且 $\hat{\sigma}_{ji}>0$ 时，二者需求变化率均为正值，表明人机需求与环境需求共生模式是互利共生，即有利共生，意味着产品的人机形态和环境形态之间存在着一种相互促进、共同进化的关系，可以生成人机需求、环境需求均衡的产品。

（2）当 $\sigma_{ij}>0$ 且 $\hat{\sigma}_{ji}=0$ 或者 $\sigma_{ij}=0$ 且 $\hat{\sigma}_{ji}>0$，二者需求变化率大于或者等于零，表明人机需求与环境需求共生模式为正向偏利共生，即有利共生，意味着当某一方的影响因子发生改变时，对另一方不产生负面影响，产品的人机形态和环境形态，一方处于有利的地位，可以生成人机优先或者环境优先的产品。

（3）当 $\sigma_{ij} \leq 0$ 且 $\hat{\sigma}_{ji} \leq 0$ 或者 σ_{ij} 和 $\hat{\sigma}_{ji}$ 符号相反时，说明人机需求与环境需求存在反向偏利共生、并生、寄生或者反向共生的共生状态，属于不利共生，表明产品发展中出现原地踏步甚至退化的现象。

绿色舒适产品共生模型及设计流程如图 4-8 所示。

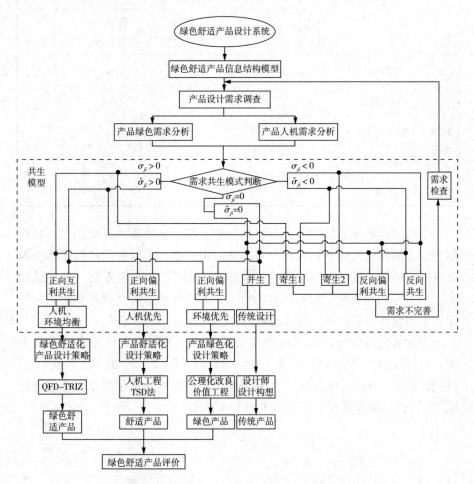

图 4-8　绿色舒适产品共生模型及设计流程

4.3.3　汽车座椅的需求共生模式判断实例研究

继续使用汽车座椅进行人机需求与环境需求共生模式的判断，图 4-9 为汽车座椅示意图。根据问卷 I，选取重要度排名分别在前 5 位的需求要素，汽车座椅舒适度的影响因子定义为：材质接触舒适、结构稳定、四肢操作舒适、震动受力合理、符合人体尺寸；绿色度的影响因子为：可拆卸、材料环保、耐久性强、零部件可替换、易于清洁。人机需求与环境需求要素见表4-2所列。

表4-2　人机需求与环境需求要素

		人机需求要素				
		材质 接触舒适	结构稳定	四肢 操作舒适	震动 受力合理	符合 人体尺寸
环境 需求 要素	可拆卸					
	材料环保					
	耐久性强					
	零部件可替换					
	易于清洁					

座椅的底座主要采用空心钢管做内部支撑，坐垫和靠背使用海绵材质填充，表面材质为皮革，靠背中间部分使用织物，座椅整体可从车体上拆卸更换。由于人机需求与环境需求都是离散的量，在共生界面（产品结构形态）发生相互影响、相互制约的情况，无法采集二者之间直接的数量关系，采用设计专家模糊评价、再进行分析的方法。

假设人机需求与环境需求要素影响程度，采用李克特量表的计量方式，取值范围分别为：-5、-4、-3、-2、-1、0、1、2、3、4、5 等11个级别。按照表4-2，逐一对比人机需求与环境需求要素影响率，分别进行赋值，可以分别得到共生矩阵 B 和共生矩阵 C：

$$B = \begin{pmatrix} -3 & -2 & 1 & 2 & 3 \\ 2 & 0 & 2 & 1 & 0 \\ -2 & 1 & -1 & 0 & 1 \\ 3 & -1 & 1 & 0 & 2 \\ -1 & -1 & 0 & 1 & 0 \end{pmatrix}, \quad C = \begin{pmatrix} -2 & -2 & 2 & 0 & 0 \\ 2 & -2 & 1 & -1 & 0 \\ -1 & 3 & -1 & 2 & 0 \\ 0 & -2 & 2 & 1 & 3 \\ 2 & -1 & 0 & 1 & 0 \end{pmatrix}$$

由此，得到共生矩阵 B、共生矩阵 C 的 score 值：

$$\mathrm{score}(\boldsymbol{C}) = \frac{\sum\limits_{i=1}^{m}\sum\limits_{j=1}^{n}\dfrac{\partial f_i}{\partial X_j}}{\sum\limits_{i=1}^{m}\sum\limits_{j=1}^{n}\left|\dfrac{\partial f_i}{\partial X_j}\right|} = \frac{7}{31} \qquad (4-11)$$

$$\mathrm{score}(\boldsymbol{B}) = \frac{\sum\limits_{j=1}^{n}\sum\limits_{i=1}^{m}\dfrac{\partial g_j}{\partial Y_i}}{\sum\limits_{j=1}^{n}\sum\limits_{i=1}^{m}\left|\dfrac{\partial g_j}{\partial Y_i}\right|} = \frac{9}{31} \qquad (4-12)$$

结果可知，score（$\boldsymbol{B}$）>0，score（$\boldsymbol{C}$）>0，说明汽车座椅的人机需求和环境需求之间处于互利共生的共生模式，表明此款汽车座椅应该具有绿色舒适的属性，后文将使用融合型 QFD-TRIZ 设计方法，进行设计处理。

第5章 产品绿色化、舒适化求解策略

从前文研究可知，产品需求要素处于偏利共生状态时，产品的属性可以判定为环境优先的产品或人机优先的产品。针对环境优先的产品，可以选用绿色产品的配置设计策略，书中主要介绍基于 CBR（Case–Based Reasoning，即基于实例推理）的绿色产品设计方法和改进的价值工程方法，保证产品的绿色性能。[①] 对于人机优先的产品，则推荐使用人机系统总体设计（Total System Design，TSD）方法[②]，可以在一定程度上保证产品的舒适性能。

5.1 产品绿色化策略

5.1.1 绿色产品设计的含义及特征

绿色产品的核心是要实现资源的最大化利用，能源的消耗达到最低以及对环境不造成影响，同时在产品的整个寿命周期中满足环境保护的需求。绿色产品设计要求设计者在设计构思阶段考虑产品是否便于拆解、能源使用是否有效，让绿色产品能够再次循环利用，不对生态环境造成负面影响，绿色产品设计流程如图 5–1 所示。

---

① 王乃静，刘庆尚，赵耀文．价值工程概论［M］．北京：经济科学出版社，2006.
② 丁玉兰．人机工程学［M］．北京：北京理工大学出版，2017.

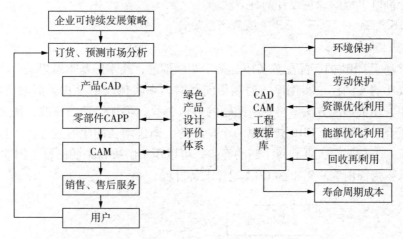

图 5-1 绿色产品设计流程

5.1.2 绿色产品设计方法

设计为人类创造了现代生活方式和生活环境的同时，也加速了资源、能源的消耗，并对地球的生态平衡造成了极大的破坏。近年来国内外对绿色产品设计的研究非常活跃，与之相关的理论和方法从 20 世纪 90 年代中期开始就成为产品设计领域的重要研究课题，对绿色设计内涵、理论基础、体系结构等的研究，逐步形成与完善了绿色设计理论体系。[①] 因此本书借助目前比较成熟的设计方法，通过优化，解决产品的绿色化设计问题。

现有产品的绿色设计配置方法中，往往牵涉复杂的参数与计算，不利于设计师的工作需要。研究发现，基于 CBR 的绿色设计方法易于学习和推广，是一个渐进的过程，可以帮助设计师形成自己的设计风格。价值工程是目前工程设计中常用的设计方法，目的是以研究对象的最低寿命成本可靠地实现使用者所需的功能，以获取最佳的综合效益，即在保证满足用户功能要求的前提下，尽可能减少资源消耗，使寿命周期成本最低，因此，价值工程理论从根本上与绿色设计的思想是一致的。在使用的过程中，针对功能不太复杂的产品，增加绿色功能模块，可以较快得到产品的结构设计，同时满足产品的绿色属性。下面主要介绍基于 CBR 的绿色产品设计和

---

① 王新，谭建荣，孙卫红. 基于实例的需求产品配置技术研究 [J]. 中国机械工程，2006，17 (2)：146–151.

基于价值工程的绿色设计两种方法。

5.1.2.1 基于 CBR 的绿色产品设计

1. 基本原理

基于 CBR 的产品配置实质是基于实例推理，技术的基本思想是：将过去成功的实例存入实例库，遇到新问题时，在实例库中寻找类似的实例，利用类比推理的方法，得到新问题的近似解答，再加以适当修改，使之完全适合于新问题。CBR 技术是一个持续的、渐进增长的学习过程，一旦解决了一个新问题，就获得了新的经验，可以用于解决将来的问题。图 5-2 所示，为面向客户需求的 CBR 配置求解过程。

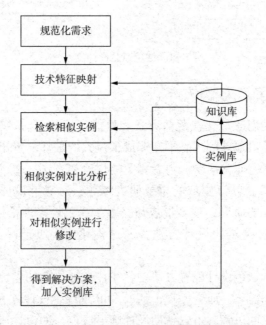

图 5-2　面向客户需求的 CBR 配置求解过程

2. CBR 的关键技术

CBR 的关键技术主要包括：实例的表达、实例检索、实例修改与存储 3 个部分。

（1）实例表达。实现 CBR 求解的一个重要基础是对实例及其特征属性进行准确的描述，包括实例的基本信息、支持推理机制的信息以及该实例与其他相关领域关系的信息，实例信息的表达方式和内容组织形式对后续的处理过程有较大的影响。

（2）实例检索。CBR 配置的关键环节，主要作用是根据输入的需求项及特征参数，从已有实例中检索出与需求匹配度较高的相似实例。实例检索要达到两个目标：一是检索出的实例与相应需求有较高的匹配度，二是检索出的实例尽可能少。

（3）实例修改与储存。通过 CBR 算法检索出的相似实例不可能完全满足客户的需求，必须经过适当的修改调整或改进设计，才能得出满意的解决方案；该解决方案须按照一定的数据结构存储到实例库中。

3. 产品改进设计及方案的生成

利用 CBR 技术，建立绿色设计的实例库，将以往设计的经验以及竞争对手的设计经验纳入实例库，实现了知识共享，解决了传统的设计过程中设计师凭借个人经验或知识技能导致的设计进程缓慢和设计失误，利用不断扩容的实例库最大限度地提高设计的成功率和设计效率。

绿色设计中的改进设计是为了在产品中加入创新性元素，或改善由配置求解得到的最优方案中的不足，提高环境性能，以满足客户需求和环境性能要求的最终设计方案的过程。改进设计的途径主要有变型设计和绿色优化设计，而绿色优化设计又可以分为基于现有技术的绿色优化设计和绿色创新设计，无论采用哪种方法，该过程面临的主要问题是消除设计中出现的设计冲突，最终生成完善的设计方案。

基于 CBR 的产品配置方法是一个持续的、渐进增长的过程，适合产品的迭代升级设计。书中提及的小型汽车驾驶座椅，需求范围广，需求量大，有一定的设计基础，随着消费需求升级，市场会提出更高的需求，非常适合用 CBR 技术进行配置设计。

5.1.2.2　基于价值工程理论的绿色产品设计

1. 价值工程理论

价值工程是从功能出发，以提高产品、劳务、工程或工作的价值为目的一种科学方法，价值工程的对象是指为获取功能而发生费用的事物，如工程项目、产品、设备、工艺、服务等。价值工程的目的是以研究对象的最低寿命成本可靠地实现使用者所需的功能，以获取最佳的综合效益，也就是最高限度地提高价值，价值工程理论从根本上与绿色设计的思想是一致的，因此，利用价值工程理论来实现产品的绿色设计可行性较强。

$$V = F/C \qquad (5-1)$$

式中，V 为价值，F 为功能，C 为成本。

091

价值工程中的核心是进行功能分析。通过功能定义揭示隐藏在产品构成要素背后的功能；以此确定产品的必要功能，通过功能的评价和分析，找出影响产品属性的最主要的功能要素；通过设计手段，提升产品的综合价值。

2. 功能论设计思想

对于设计对象而言，功能就是它所具有的用途、效能，即满足某种需要的能力。任何一个设计对象（即产品）都是结构系统和功能系统共同构成的。功能系统是产品最本质的东西，是设计者和用户最终追求的目标，而结构系统是功能系统得以存在和实现的物质载体，二者既有区别又有联系。

功能论设计思想与方法的实质就是把设计对象视为一个技术系统，用抽象的方法分析其总的功能，并加以分析实现总功能的低一级功能（分功能），进而寻求实现各分功能的技术途径（或称技术效应、技术原理等）。由此逐步达到技术系统内部构造关系明确化，使"黑箱"成为内部构造和相互关系比较明确的"玻璃箱"。

功能论设计方法的关键问题是对功能的求解，即为每个分功能找到实现它的技术手段、工作原理和结构形式或元部件。对于有些分功能而言，具有通用的、标准化的元部件可供选择。但在大部分情况下，只是一部分分功能有现有的元部件可选择，而其他分功能需要设计者探索解决办法的原理，进而设计相应的结构方式。分功能求解过程需要设计者查阅大量资料，为每个分功能得到尽可能多的技术解决手段。

3. 功能论设计方法

运用系统的思想，根据功能之间的目的与手段关系，将设计对象各构成元素的功能加以整理，就可以得到体现功能逻辑关系的功能系统图，从而进一步掌握必要功能，发现和消除不必要功能。在设计对象的诸功能中，存在着上下关系和并列关系，即在一个功能系统中，功能之间是目的与手段的关系（即目的功能与手段功能）。一个功能既可能是某一功能的目的，也可能是实现另一功能的手段，也就是说，功能之间目的与手段的关系是相对而言的。把目的功能称为上位功能，手段功能称为下位功能。在较为复杂的功能系统中，有时为了实现同一目的功能，需要两个以上的手段功能，即对于同一上位功能，存在着两个以上并列的下位功能。同一上位功能这样的两个以上的功能之间的关系，就是并列关系。

按照上述目的与手段、上位与下位的功能关系，以及功能之间的并列关系建立起的设计对象的功能体系，就是所谓的逻辑功能体系，用图形表示，就成为"功能系统图"，如图5-3所示。

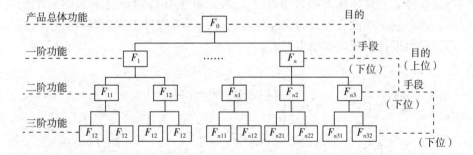

图 5-3   功能系统图

4. 基于绿色需求的功能系统分析

利用功能系统理论来分析绿色产品的功能组成。基于人机需求与绿色需求的产品，其手段功能，即目的 F_0 是为用户提供绿色产品的体验，即绿色功能指标，记作 F_{ev}，与产品所拥有的其他功能（F_1，F_2，$\cdots$，F_n）共同构成了产品的一阶功能。前面提到，若要保持产品的绿色化功能要求，就需要实现环境因素（F_{ev1}）、材料因素（F_{ev2}）以及能源因素（F_{ev3}）等三项功能。同理，F_1，F_2，$\cdots$，F_n 等功能也需要通过更多的子功能共同实现，这些子功能和上述的要素就构成了该产品的二阶功能、三阶功能等，每一个一阶功能和它的若干下位功能，共同组成不同的"功能领域"，由绿色需求组成的"功能领域"，可以称为"绿色功能领域"，绿色产品功能系统图如图 5-4 所示。

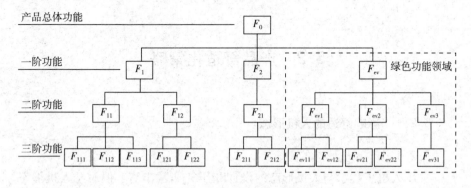

图 5-4   绿色产品功能系统图

继续将功能系统中的功能分解到末位功能，对应末位功能，可以找到实现它的技术手段、工作原理和结构形式或元部件，产品的功能与结构映射如图 5-5 所示。对于部分末位功能而言，具有通用的、标准化的元部件可供选择。但是，在大部分情况下，尤其对于有特殊绿色需求的功能模块，许多分功能没有现成的元部件可选择，需要设计者探索解决办法的原理，进而设计出相应的结构方式。

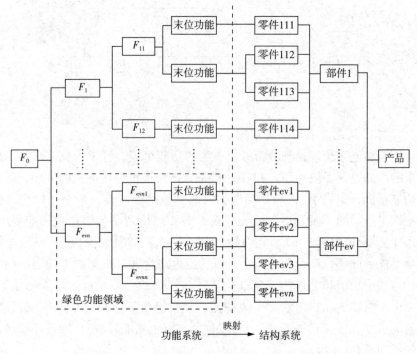

图 5-5　产品的功能与结构映射

5.2　产品舒适化策略

5.2.1　影响舒适的人机形态

5.2.1.1　人机形态的概念

关于人机工程学与人机形态的设计和研究非常丰富，但对于人机形态的定义，不同专家和学者却有不同的见解。骆磊认为，产品人机形态设计应致力于创造合理的产品形态，使产品具有优良的人机性能。[1] 马剑鸿提

---

① 骆磊. 工业产品形态人机设计理论方法研究［D］. 西安：西北工业大学，2006.

出，人机形态是实现产品物理功能和人机功能的结构载体，是产品获得人机功能的实体形态。[①] 刘肖健等将产品人机形态细分为交互模式设计、关联形态设计和独立形态设计 3 层，认为人机形态是人机设计问题的形式化。他对人机形态的定义是：具有人机性能要求的产品曲面在产品使用中与人体皮肤直接接触，满足以下接触特征中一个的或几个。接触面积大，如座椅和床；接触时间长，如汽车方向盘；接触频度高，如键盘和鼠标；接触压力强，如维修工具或健身器材的手柄；接触振动剧烈，如电钻或电锤的手柄。[②]

本书主要研究和关注人机形态与用户需求的关系，如前文分析，总结了人机形态需求的两个方面。

（1）人机形态的接触舒适度是指产品与使用者在接触面上的特性，包括接触面形态、接触面积、人体受压与振动。接触舒适的产品让用户在接触和使用的过程中产生愉悦的使用体验。

（2）人机形态的视觉舒适度是指用户在观察产品形态的过程中产生的心理特性，主要体现在用户根据已有的知识和体验，对产品舒适度及其相关特性产生的心理预期。

5.2.1.2　人机形态的理论研究

关于产品人机形态的研究，国内学者主要围绕人机接触面的评价和计算机辅助的形态优化算法研究。刘肖健等研究了产品曲面人机性能设计的解决方案，并应用遗传算法工具实现了对复杂曲面形态解决方案的搜索及评价。[③] 马建鸿等提出一种基于基因遗传算法的人机形态优化设计方法。[④]国外学者关于人机形态的研究主要围绕产品接触特性，绝大多数是基于实验数据的分析研究，研究的焦点集中在座椅压力接触、肩部负重、手部操作受力和脚底受力等方面。Wassim EI Falou 等对汽车座椅的振动、形态和驾驶时间长度等要素与驾驶员的不适度之间的关系进行了实验研究，总结

① 马剑鸿. 产品人机形态设计研究 [D]. 成都：四川大学，2006.

② 刘肖健，余隋怀，陆长德. 产品复杂曲面人机工程学设计研究 [J]. 计算机应用研究，2004，21（12）：36-38.

③ 刘肖健，李桂琴，景韶宇，等. 基于遗传算法的产品人机 CAD 研究 [J]. 计算机工程与应用，2003，39（33）：35-37，105.

④ 马剑鸿，杨随先，李彦. 基于遗传算法的产品人机形态设计研究 [J]. 现代制造工程，2006（3）：10-13.

出了各指标影响程度的关键性参数。① J. M. Porter, D. E. Gyi, H. A. Tait 等研究了汽车座椅舒适度与群体用户身体形态差异的关系，给出了面向差异化用户数据的汽车座椅设计原则和参数计算依据，并且提供了基于人工神经网络的实验数据分析方法来预测座椅的舒适度。② Mike Kolich 给出了基于舒适度实验数据的座椅形态设计方法，考虑了材料与接触力学的特性，并给出了虚拟产品的人机性能评价准则。③ Margarita Vergara, Alvaro Page 等人的研究对座椅人机接触面的实验测试和数据分析以及接触面性能的评价在不同的方面提供了设计依据。④

5.2.1.3 人机形态的评价

根据产品的不同、产品系统复杂程度的不同和产品人机性能要求的差异，对人机形态的模拟评价存在一定的差异。在前期研究的基础上，笔者将人机形态的评价大致归纳为以下几种。

（1）计算机虚拟仿真。通过对使用者和产品的模拟，直观地了解使用者与产品的交互情况，分析交互过程中产生的人机交互数据，为人机形态的评价和设计改良提供客观依据。

（2）产品模拟仿真。通过对产品及其人机形态和产品使用环境的模拟，参与模拟实验的被试人员能通过与模拟产品进行直接接触和人机交互，实验者可根据实验数据整理得出有效的人机形态评价相关信息。

（3）人体模型仿真。通过将假人放入实际的产品或样品中进行人机交互的模拟，可根据假人身体内安装的传感器，测试危险交互行为或对人体有潜在危害的接触或交互过程，获得人机形态的评价结果，从而提高产品人机形态交互的可靠性和安全性。

（4）产品样机测试。对于相对成熟的产品，可进行产品原型的试制，以便对产品的人机形态和人机功能进行检验和评价。

另外，可以利用实验手段，对人机形态进行评价具体有两种方法。

一是肌电实验。通过对用户操作产品过程的记录或通过产品人机交互

---

① Wassim EI Falou, Jacques D, Michel G, et al. Evaluation of driver discomfort during long-duration car driving. [J]. Applied Ergonomics, 2003, 34 (3): 249-255.

② J M Porter, D E Gyi, H A Tait. Interface pressure data and the prediction of driver discomfort in road trials. [J]. Applied Ergonomics, 2003, 34 (3): 207-214.

③ Mike Kolich. Automobile seat comfort: occupant preferences vs. anthropometric accommodation [J]. Applied Ergonomics, 2003, 34 (2): 177-184.

④ Margarita Vergara, Alvaro Page. Relationship between comfort and back posture and mobility in sitting-posture [J]. Applied Ergonomics, 2002, 33 (1): 1-8.

的模拟，采集被试交互过程中人体运动的肌肉电极数据，可分析被试在交互过程中肌肉的运动情况和肌肉疲劳的发生情况，便于设计人员对人机形态和交互流程进行有针对性的评价和设计改良。

二是压力分布。通过测量不同用户与产品人机形态接触关系，获得压力分布数据，可使用计算机辅助工业设计进行数据分析和评价，计算出更理想的人机形态设计依据，或在数据库中检索出更科学的人机形态方案。

5.2.2 人机舒适产品设计

以舒适性为主导的产品设计主要以人机工程学为指导，遵循人机工程学设计方法，在产品设计中切入人因要素，合理规划人机系统，最终得到人因要求下的产品形态。目前，系统的设计方法为人机系统总体设计（TSD），主要是指一种系统化、策略化解决问题的设计方法，其核心和本质是将整个系统分解为一系列具有准确定义的设计环节，强调人机的系统概念，充分地延伸到包括人因、机械、功能等各个要素之间的关系和层级，协调统一各个组成要素以实现系统的整体目标。

TSD 法是一种阶段设计程序，将整个设计过程划分为若干步骤或阶段，各个阶段是由一系列相互联系的设计活动组成。各阶段相互联系、环环相扣，上阶段的设计任务完成后再开展下阶段的设计任务。一般可分为以下6 个阶段：定义系统目标和参数阶段、系统定义阶段、初步设计阶段、人机界面设计阶段、作业辅助设计阶段、系统验证阶段。由于作业辅助设计阶段，主要定义与作业相关的文件，不会影响本文的设计结果，因此不在设计过程中描述。

正如前文所述，汽车座椅的设计已成为汽车厂商主要的设计任务。目前，国内市场上的汽车座椅大多从工程师的角度出发，实现乘坐功能的基本满足，至于舒适性的考量则要依靠工程师、设计师的主观感受或经验数据，不能够系统地解决问题。其实，除了座椅材质影响乘坐舒适度之外，还存在很多其他影响乘员乘坐体验的因素，例如乘坐空间、座椅形态（角度尺寸）、震动、噪声等，这些都是与人的需求紧密相关。因此，本章节以小型汽车驾驶座椅设计为例，应用 TSD 方法，系统地解决人机需求，实现座椅的舒适性要求。

从 TSD 设计法的角度，规划汽车座椅的舒适性设计，座椅的设计变成了乘员与汽车座椅的人机系统的规划。系统包括以人机尺度为基础的人因要素，座椅的形态、接触材质、界面、操作行为及作业功能等方面。系统统筹各要素之间的层级与关系，从而阶段性完成设计，最终实现以舒适性为目的的"乘员-汽车座椅"系统。

座椅的舒适性衡量主要分为以下3种。静态舒适性，是指在静止状态下，汽车座椅的乘坐舒适程度，主要影响因素是座椅自身的特性，如尺寸、形态以及接触介质等。动态舒适性，是指在车辆行驶过程中，车内乘员主观感觉上的舒适程度，主要影响因素除了座椅自身特性以外，还包括车辆本身的悬挂系统、底盘等机械性能，如震动幅度和振动频率等。操作舒适性，是指以座椅为媒介，乘员完成一系列操作的便利程度和舒适性。由于动态舒适性的研究牵涉范围过大，超出本书的研究范畴，本书只讨论与人机形态紧密相关的座椅的静态舒适度与部分的操作舒适度。因此，系统设计所定义的问题，即设计目标为"汽车座椅的设计需要满足乘员的静态舒适性以及操作便利最大化"。

5.2.2.1 定义系统目标和参数阶段

"系统目标"普遍以高度凝练、言简意赅的文字来表达，汽车座椅设计的系统目标为"汽车座椅乘坐舒适并操作便利"，并延伸到汽车乘员的需求、乘客群体特性、乘坐的行为方式等。从人机工程学角度出发，首先探讨人体坐姿的生理特性。

舒适的座椅乘坐姿势，应使腰曲弧形维持正常状态，从上身流通大腿的血管不受挤压，保证血液循环。因此，舒适的乘坐姿势是保证人的各部位肌肉不受压迫，并得到良好的支撑，臀部稍离靠背向前移，使上身微微向后倾斜，臀部、膝盖以及脚踝处保持舒适的角度。图5-6为舒适的座椅乘坐姿势，人体的头部、肩部、腰部以及腿部都得到良好的支撑。

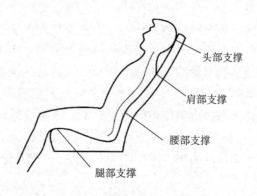

头部支撑

肩部支撑

腰部支撑

腿部支撑

图5-6 舒适的座椅乘坐姿势

关于乘坐舒适度的测量参数和测试方法，在行业中，一般利用体压分布测试来指导和评价，这是座椅舒适性客观评价的重要衡量指标。[1] 人体工学的相关研究表明，体压分布并非均匀的，身体各部位承受压力的大小应根据受力情况合理分布，呈现出从小到大平缓过渡趋势，避免突然变化。从图 5-7 中可以看出，最合理的体压分布应使坐骨部分承受最大压力。

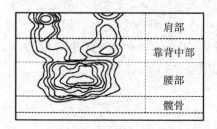

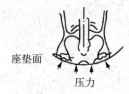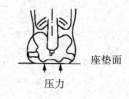

图 5-7 合理的体压分布

5.2.2.2 系统定义阶段

系统定义阶段是"实质性"设计工作顺利展开的重要理念基础，具体包括系统目标和作业要求的定义。在座椅设计中，此阶段的任务为定义汽车座椅系统内的功能要求，以及定义系统完成该功能涉及的操作和软硬件部分。在座椅设计中，以人机尺度限定的硬件主要包含：座椅的轮廓和尺寸、座椅把手、座椅靠枕。

5.2.2.3 初步设计阶段与人机界面设计

在剖析和明确了座椅系统设计的系统目标以及实现目标相关要素的基础上，本阶段对不同的要素进行初步设计，为完成系统目标提供评价和整合的基础。进入初步设计阶段，系统设计进程加快，设计活动深入展开，往往依赖行业标准与设计师的经验，完成设计细节。[2]

① 文雅. 基于人机形态的汽车座椅舒适性研究 [D]. 合肥：合肥工业大学，2015.
② 钟柳华，孟正华，练朝春. 汽车座椅设计与制造 [M]. 北京：国防工业出版社，2015.

1. 前排座椅坐垫

（1）坐垫长度。坐垫长度太小会导致其对乘员大腿支撑不足，坐垫长度太大又会造成坐垫前端干涉乘员小腿。普遍要求坐垫长度 $E \leqslant 380mm$，一般推荐值为：$330mm \leqslant E \leqslant 370mm$。

（2）坐垫宽度。H 点周围的坐垫 A 面轮廓应设计得比较平缓。该区域如果设计为圆桶形，将会引起股骨压力过大从而使乘员产生不舒适感。根据人体解剖学和骨盆的生理特性，为保持较好的乘坐舒适性，推荐宽度为 434mm，软垫（坐垫侧翼）宽度一般为 30～40mm，因此坐垫宽度 $\geqslant$ 480mm，一般推荐值为 490～530mm，如图 5-8 所示。

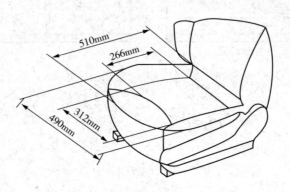

图 5-8 坐垫宽度

（3）坐垫角。坐垫角也是影响座椅舒适性的一个重要参数，坐垫角的大小与坐垫 A 面的轮廓线角度、坐垫泡沫压陷硬度等有密切关系。坐垫角过大，虽然会改善防下潜效果，但会减小臀部角，增加大腿部的压力，降低舒适性；坐垫角过小，则会降低防下潜效果，使乘客腿部支撑不足，容易感觉疲劳。乘用车坐垫角一般推荐范围为 12°到 16°，如图 5-9 所示。

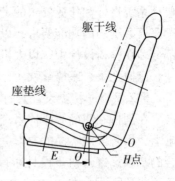

图 5-9 坐垫角度

（4）坐垫厚度和坐垫压陷量。坐垫厚度是影响舒适性设计的重要考虑因素。如图 5-10 所示，人的乘坐主要集中在 H 点周围，H 点下方的坐垫应保持充足厚度，但坐垫过厚也会提高生产制造成本。兼顾生产成本和舒适性的考虑，H 点下方的坐垫泡沫厚度一般推荐为 $90mm \leqslant h \leqslant 180mm$，泡沫厚度不小于 60mm。

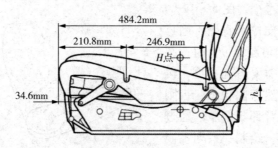

图 5 - 10　坐垫厚度

臀部坐垫压陷量指假人臀部位置的坐垫压陷量，可以用 D 点来描述。D 点陷量与坐垫厚度、坐垫轮廓形状以及坐垫的压陷硬度特性密切相关。D 点压陷量太小，使人感觉座椅太硬，不够舒服；D 点压陷量太大，会使人体陷在座椅里，长时间乘坐很容易疲劳。D 点压陷量一般推荐为 20 ~ 60mm，如图 5 - 11 所示。

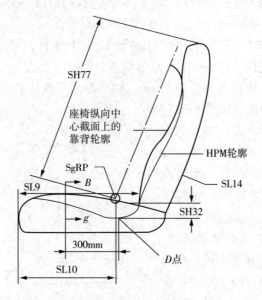

图 5 - 11　臀部坐垫压陷量

2. 座椅靠背

（1）靠背高度。设计靠背高度时，需要考虑对身材高大的乘员背部能有效支撑，同时兼顾足够的驾驶视野，靠背高度通常推荐为 574mm ≤ H ≤ 610mm。

（2）腰部支撑。腰部支撑作为汽车座椅舒适性设计的关键部分，在设计中需要重点考虑，图 5-12 为汽车座椅腰部支撑示意图。当靠背与坐垫的夹角超过 90°时，乘员脊柱的下部需要得到支撑，以使脊柱保持自然弯曲状态，否则会导致疲劳和背部不舒服。通过对比相同 H 点，绘制一系列不同的腰部曲线形态以得到一条公共曲线，即脊柱参考线，并以此进行座椅靠背在座椅中心线截面的轮廓形态的设计。

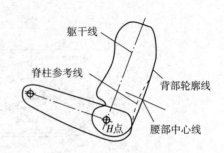

图 5-12　汽车座椅腰部支撑

（3）腰部支撑轮廓。腰部支撑轮廓在腰部中心线上，腰部支撑轮廓线与脊柱参考线的距离，设计推荐为 25mm。腰部支撑轮廓线起始点（A 点），在沿躯干线方向上，与 H 点的距离为 50mm，而其终点（B 点）与 H 点的距离推荐为 460～480mm；通常，腰部支撑轮廓线起始点与靠背咬合线离去点重合，而终点（B 点）与靠背离去点重合。

（4）座椅扶手。座椅扶手作为座椅的附属功能件，可以改善座椅的乘坐舒适性和便利性。座椅扶手的水平位置，即扶手上表面与座椅 H 点在 Z 方向上的距离，推荐为 165～185mm，扶手与水平线的夹角，推荐为 0°～8°，座椅扶手的位置如图 5-13 所示。

座椅系统所涉及的交互与操作包含座椅的各种调节功能，如前后调节、高度调节、倾斜调节、靠背角度调节、头枕调节（包括上下调节、前后调节和角度调节）以及腰部支撑调节等，这些调节功能均属于座椅乘坐舒适性的范畴，也反映了汽车功能配置的竞争力。这些调节方式，无论是手动调节还是电动调节，

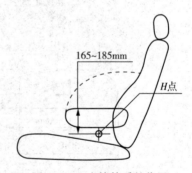

图 5-13　座椅扶手的位置

调节按钮和调节手柄的设计，对于座椅人机工程和乘坐舒适性来说，都是非常重要的，在人机工程学的理论中都有相应的标准可以参考。

5.2.2.4　系统验证阶段

系统验证是检验系统是否达到系统定义和设计目标，贯穿于系统设计的始终。对于汽车座椅系统，舒适性主要影响因素即系统定义的人机尺寸

限定要素，可以利用体压分布测试进行实验验证。在汽车座椅的三维数据设计阶段，利用相关软件，如 CATIA，模拟人体在坐垫和靠背上的体压分布。把 5%、50% 和 95% 的假人模型分别放置在设计座椅三维数据里，模拟压力分布测试对相关试验数据的归纳演绎，比较最佳的体压分布，选取合理的设计方案，以提高汽车座椅乘坐舒适性。也可以制作座椅模型进行试验测试，此处测试对象必须具有代表性，应该覆盖 5%、50% 和 95% 百分位的男性人群和女性人群。测试对象应处于正常驾驶状态的坐姿，体压分布应在符合设计的车辆上测试，例如前挡风玻璃、油门踏板、制动踏板和方向盘均符合总布置的位置设计。体压分布测试系统必须经过标定，确保每次测量误差不超过 15%。①

　　TSD 法用来解决产品的人机界面设计，可以实现系统的整体目标，但实践过程中，需要依赖设计师的工作经验，因此设计结果有一定的不确定性。

---

① 王恒. 基于 CATIA 的轿车座椅参数化设计及结构安全性分析［D］. 扬州：扬州大学，2011.

第6章 基于 QFD 融合 TRIZ 的
绿色舒适产品设计

6.1 产品绿色舒适化策略

共生模型的判断表明,绿色舒适产品可以实现产品环境需求主要质参量和人机需求的主要质参量的和谐共生,产品内部各单元共同进化,整个系统的稳定性和平衡性达到较为理想的状态。目前,对于此种类型的产品设计过程并没有十分明确的表达。从需求获取到设计参数的转化,涉及产品的技术、部件及工艺等方面的信息,是一个复杂的过程。产品的基本功能需求、环境需求、人机需求,在设计过程中都难以进行准确的量化,且各需求之间在材料的选择、物料的用量、工艺的使用和结构的设计等方面容易存在不同程度的矛盾与冲突。为了解决功能需求、环境需求和人机需求在转化为设计参数时的矛盾和冲突,本章针对绿色舒适产品设计,提出将 QFD 质量功能配置和 TRIZ 冲突解决理论融合,实现设计要素的优化配置。①

QFD(Quality Function Deployment,质量功能配置)作为研究用户需求的手段,优势在于将用户需求转化成为技术特性、零件特征、加工工艺等技术信息,实现“用户需求—产品设计”的转化。所以,在绿色舒适产品设计用户需求处理过程中,QFD 成为关键的方式。前文研究发现,汽车座椅的人机形态的主要质参量和环境形态的主要质参量存在着不可避免的需求矛盾和技术矛盾。例如,要实现座椅零部件的可拆卸性能,就可能会降低座椅的稳定性能,影响舒适度。对于矛盾的消解,TRIZ(是俄文发音 Teoriya Resheniya Izobreatatelskikh Zadatch,发明问题解决理论的首字母缩写)是业界公认的有效的方法,其将主要质参量之间的矛盾进行分类定义,运用不同的创新原理实现绿色舒适产品设计的良好性能。

---

① 徐晓亮. 基于 QFD 与 TRIZ 理论的人机工程设计 [D]. 合肥:合肥工业大学,2008.

6.1.1　QFD

QFD，起源于 20 世纪 60 年代末，最先被三菱重工的神户造船厂创新应用于船舶的生产制造中；20 世纪 70 年代中期，QFD 设计方法被广泛应用于企业设计中，使日本产业的市场竞争力显著提升，迅速占领国际市场。世界各国为抢占国际市场份额，高度重视和发挥 QFD 方法在产品设计中的价值，大大缩短了产品的设计周期，在降低了产品开发成本的同时增强了用户体验，取得了显著的经济效益。①

QFD 是一种研究用户需求、通过用户需求来开展产品设计的方法。采取系统且规范的方法调查和研究用户需求，并将需求转换成为技术特性、零件特征、加工工艺等技术信息，使生产制造的产品能真正地满足消费者需求，将顾客的主观需求最终表现为图纸上"设计者的作品"。

QFD 方法的核心是需求之间的层级转化。运用质量屋（HOQ）结构，用户需求作为输入信息，通过关系矩阵转化为工程特性输出。最基本的质量屋框架一般由下列几个矩阵组成：客户需求矩阵，主要包括顾客需求及其权重两部分；质量特性矩阵，包括层次化的工程特性和质量措施；用户需求与质量特性相关矩阵，通过该矩阵计算实现需求之间的转化；质量需求关系矩阵，该矩阵用来表明质量特性的相互关系；市场竞争性评估矩阵，评价目标产品在市场上的竞争性；技术竞争评估矩阵，目标产品与市场上其他企业的同类型产品的竞争评估。质量屋的建立，可实现主观用户需求向客观技术特性的转换，质量屋结构如图 6 - 1 所示。

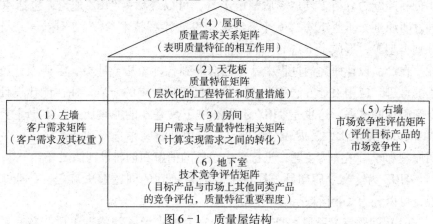

图 6 - 1　质量屋结构

---

① 邵家骏. 质量功能展开［M］. 北京：机械工业出版社，2004：8-38.

（1）客户需求矩阵：根据用户调研获取的用户需求，通过分解和处理获得的需求。这是 QFD 理论转化的基础，所以用户需求的获取、分解与整合至关重要。

（2）质量特性矩阵：由两部分组成，第一部分是为了满足客户对产品的需求而采用的技术手段；第二部分是产品基本的技术属性。

（3）用户需求与质量特性相关矩阵：指客户的需求与质量特性两者的关系，这是转化的媒介。

（4）质量需求关系矩阵：表示质量特性内部的关系，有正负和强弱之分。

（5）市场竞争性评估矩阵：指目标产品的市场竞争力评估。

（6）技术竞争能力评估：指质量特性的竞争力判断结果，代表质量特性的重要程度。

6.1.2　TRIZ

TRIZ 是由苏联工程师和科学家根里奇·阿奇舒乐（Genrish·Altshuer）提出的。阿奇舒勒发现每个创意的专利，大多数在解决创新问题，也就是包含需求冲突和矛盾的问题。由这个发现，他推测发明应该具备一般的普遍性的原则，而创造性发明的其中某些原则或准则，应该是有迹可循的，这成为 TRIZ 研究中最重要的假设。

经过多年的总结与研究，阿奇舒勒和他的 TRIZ 团队提出了一系列发明创新问题的分析工具与矛盾消解工具，可以统称为 TRIZ 理论，包括 40 种发明原理与矛盾矩阵、76 个标准解、39 个工程技术参数、8 种技术系统计划类型等，形成了丰富的 TRIZ 理论层次。[①]

在产品设计研究的过程中，往往会遇到各种矛盾或冲突，阻碍设计过程的推进，应用设计方法和设计经验，化解设计中的矛盾，往往能让设计有突破性的进展。这也是 TRIZ 矛盾解决工具基本的原理所在，本书主要以 TRIZ 理论层次中发展较为成熟、在应用和研究中选择和使用较多的发明原理和矛盾矩阵为主题，进行需求矛盾的消解和创新设计的展开。

TRIZ 为这类矛盾问题，提供了较为系统性的问题解决流程，一般来说，可以分为 3 个阶段。

（1）问题定义阶段。TRIZ 将矛盾分为技术矛盾和物理矛盾，在问题

---

① 刘训涛，曹贺，陈国晶. TRIZ 理论及应用［M］. 北京：北京大学出版社，2011.

定义阶段，需要对问题进行分析，将矛盾进行归类，对于这两种不同的矛盾，TRIZ 提供不同的矛盾消解方法。

（2）问题分析阶段。TRIZ 对不同的技术矛盾和物理矛盾有不同的解决方法，将矛盾进行归类后，需要对问题进行分析，界定出现问题的工程参数，找到符合当前问题的 TRIZ 解决方案。

（3）创新性解决方案产生阶段。TRIZ 对物理矛盾，提供了 4 种分离原理的解决方案，对于技术矛盾，给出了 40 种创新法则的解决方法。这些方法都是概括性的创新方法，需要针对具体的问题，对解决方案进行具化，生成具体的解决方案。

6.1.3　融合型 QFD–TRIZ 设计方法

基于人机需求与绿色需求的 QFD 融合 TRIZ 设计方法，是将质量功能配置与发明问题理论相结合，通过构建绿色人机质量屋，整理产品主要需求要素，以矩阵结构将用户需求（包含人机需求和绿色需求）转换为工程技术特性，以便在 TRIZ 的创新原理和矛盾矩阵中找出对应的解决方式。[①]
主要包括用户需求获取、用户需求转化、产品优化设计方法 3 个阶段。

6.1.3.1　用户需求获取

前文通过对绿色设计、人机设计、绿色产品、人机产品的分析，在第三章中总结出了产品设计中涉及环境的需求要素（表 3-5）和人机的需求要素（表 3-7）。对于一般产品来说，要满足一定的基础功能需求（见表 3-1 所列），按照设计要求，选取相关的需求要素。

6.1.3.2　用户需求转化

不同产品的需求（主要质参量）有很大的差异性，所以在进行需求转化之前，需要对需求进行筛选和处理。之后将需求导入 QFD 质量屋，进行需求的转化与矛盾的定义，绿色舒适产品 QFD 质量屋如图 6-2 所示。为了方便数据的处理和矩阵的构建，将质量屋简化表达成图 6-3 所示。其中，顾客需求为产品的需求要素，技术需求所对应的是产品的设计要素，即满足人机需求和环境需求的设计要素，关系矩阵描述产品需求要素和产品设计要素的相关矩阵，相关矩阵描述人机需求和环境需求的设计要素之间的关系。

---

① 赵燕伟，洪欢欢，周建强，等. 产品低碳设计研究综述与展望［J］. 计算机集成制造系统，2013，19（5）：897-908.

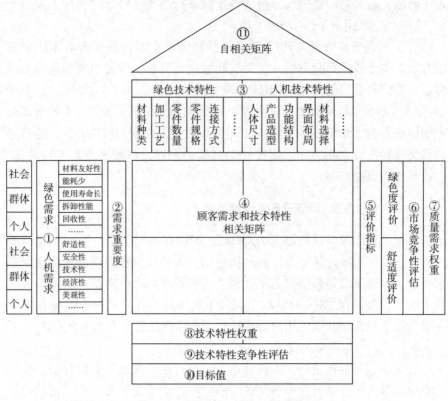

图 6-2 绿色舒适产品 QFD 质量屋

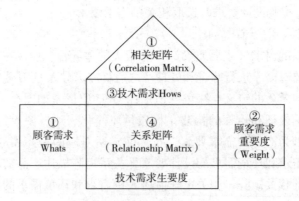

图 6-3 简化表达的质量屋

首先，获取主要需求元素。可通过问卷调查，获取用户对人机需求、环境需求及基础功能需求的重要度评价。由于初始选取的需求要素较多，可通过排序，选取重要度指标较高的需求作为主要的用户需求要素。

　　然后，将得到的各项产品需求要素和产品设计要素导入质量屋后，得到图 6-4 所示的质量屋，用以需求的转化和矛盾的定义。根据用户需求与设计要素的相关度，可对关系矩阵中 R_{ij} 进行评价，R_{ij} 代表设计要素和需求要素之间的关联程度，例如，座椅硬度的设计要素与材质环保需求要素在设计中具有怎样的相关程度，通常由无相关、弱相关、一般相关到强相关等级，给予 0、1、3、9 的评价取值，由于设计要素与需求要素不但存在相关性，也存在一定的冲突关系，即产品设计中用户需求与设计的目标会存在一定的矛盾，为方便可视化，所以对 R_{ij} 给出正、负相关的评价取值，即 -9、-3、-1、0、1、3、9。

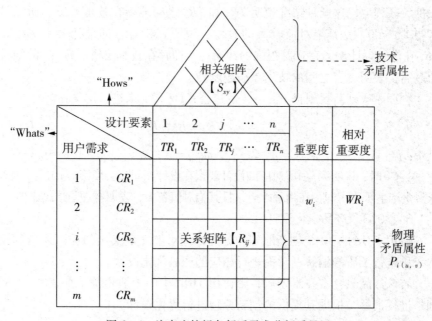

图 6-4　汽车座椅绿色舒适需求分析质量屋

　　需求转化时，产品需求要素的需求重要度 w_i（其中 $i = 1, 2, \cdots, m$），本书以问卷调查方式获取，如问卷 I 。将 w_i 带入公式(6-1)，可以得出基于用户需求的相对重要度 WR_i ，相对重要度代表用户在众多需求中倾向的权重比值，用百分比表示：

$$WR_i = \frac{w_i}{\sum_{i=1}^{m} w_i} \qquad (6-1)$$

　　求解 WR_i 后，需要对图 6-4 中的 R_{ij} 进行相对应的评价，用以衡量 TR_x 与

TR_y 之间的关联程度，从低到高给予 -9、-3、-1、0、1、3、9 的评价取值。

将求解出的 WR_i 和关系矩阵中 R_{ij} 的数值带入公式（6-2），对技术矛盾进行定义：

$$S_{xy} = \sum_{i=1}^{m} (WR_i \times R_{ix}) \times (WR_i \times R_{iy}) \qquad (6-2)$$

其中：$i = 1, 2, \cdots, m$，$j = 1, 2, \cdots, n$，$x = 1, 2, \cdots, n$，$y = 1, 2, \cdots, n$，且 $x \neq y$。

如果 $S_{xy} = 0$ 或接近 0，说明 TR_x 和 TR_y 之间关联或冲突关系较弱；如果 $S_{xy} > 0$ 且其绝对值较大，说明其相对应的设计要素在实现设计当中具有较强的关联程度，这两种情况说明 TR_x 和 TR_y 之间不存在技术矛盾。所以只有当 $S_{xy} < 0$，且其绝对值较大的时候，说明其相对应的设计要素 TR_x 和 TR_y 在进行设计期间存在着很强的冲突性，即存在技术矛盾，且 S_{xy} 的绝对值越高，表明二者之间的技术矛盾越剧烈。

物理矛盾则需要根据 $P_{j(e, f)}$，运用公式（6-3）来进行定义：

$$P_{j(e, f)} = R_{ej} WR_e \times R_{fj} WR_f \qquad (6-3)$$

其中：$j = 1, 2, \cdots, n$，$e = 1, 2, \cdots, m$，$f = 1, 2, \cdots, m$，且 $e \neq f_0$ 只有当 $P_{j(e, f)} < 0$ 时，说明第 j 项所对应的设计要素在设计期间，会使第 e 项和第 f 项需求要素产生矛盾，即存在物理矛盾，且其绝对值越大，表明物理矛盾越剧烈。

6.1.3.3 产品优化设计

运用 TRIZ 的 40 个创新原理和分离原理对上文定义出的物理矛盾和技术矛盾进行矛盾的消解，从而进行相应的产品优化设计。

若该产品只存在技术矛盾，则运用 TRIZ 中的矛盾矩阵，如表 6-1 所列，进行消解，根据其提供的创新原理进行优化设计。

表 6-1　矛盾矩阵（部分）

改善参数	恶化参数	1	2	3	4
		运动物体重量	静止物体重量	运动物体尺寸	静止物体尺寸
1	运动物体重量	+	–	15, 8, 29, 34	–
2	静止物体重量	–	+	–	10, 01, 29, 35
3	运动物体尺寸	15, 08, 29, 34	–	+	–

（续表）

改善 参数 \ 恶化参数		1	2	3	4
		运动物体重量	静止物体重量	运动物体尺寸	静止物体尺寸
4	静止物体尺寸	-	35, 28, 40, 29	-	-

若该产品只存在物理矛盾，就需要找出产品需求要素 CR_e 和 CR_f 所对应的设计要素，引入 TRIZ 提供的 4 种分离原理，将其独特的设计原理和绿色舒适产品的设计要素相融合，进行矛盾消解和设计优化。

若该产品既存在物理矛盾也存在技术矛盾，则可根据实际情况对二者或其中之一进行矛盾的消解，最终得到最优的设计方案。

6.2　绿色舒适汽车座椅设计

6.2.1　汽车座椅需求获取

根据前文构建的模型和问卷调查，对汽车座椅产品进行需求的细化、重定义、简化、归纳和分类，以保证需求的完备性和可靠性，从而得到准确、可信的汽车座椅用户需求要素。根据前文问卷 I 用户对于汽车座椅的基础功能需求、人机形态需求和环境需求的整理，选取排序较高的 5 个主要的基础功能需求、5 个主要的人机形态需求和 5 个主要的环境形态需求，作为设计需求的输入。

6.2.2　汽车座椅需求矛盾发掘

首先，将上述选取的 15 个汽车座椅需求要素的重要度进行分析，根据问卷I的调查结果，将 15 项需求要素整理排序，汇总成表格，见表 6-2 所列。

表 6-2　需求要素整理

需求类型	需求类型细分	重要度排序	相对重要度
基础功能需求	载荷能力强	13	0.05111
	功能丰富	14	0.04952
	流行时尚	15	0.049521
	工艺精良	11	0.05858
	造型优美	12	0.05165

（续表）

需求类型	需求类型细分	重要度排序	相对重要度
人机需求	震动受力合理	10	0.06336
	符合人体尺寸	9	0.06602
	四肢操作舒适	2	0.07987
	材质接触舒适	1	0.08200
	结构稳定	3	0.07933
绿色需求	可拆卸	6	0.07507
	零件可替换	8	0.06922
	耐久性强	5	0.07614
	易于清洁	7	0.07082
	材料环保	4	0.07774

由 15 个需求要素及重要度分析，构建绿色舒适汽车座椅的质量屋矩阵，见表 6-3 所列。

由关系矩阵（质量屋房间）和需求相对重要度，通过公式（6-4），计算得出设计要素和用户需求的相关度矩阵，见表 6-4 所列。

$$Q_{ij} = R_{ij} \times WR_i \tag{6-4}$$

质量屋房间的关系矩阵中，某一种设计要素无法满足两种相互排斥的需求，来定义产品的物理矛盾。再根据物理矛盾的判断指标 $P_{j(e,f)}$，定义产品设计要素的物理矛盾，如公式（6-5）：

$$P_{j(e,f)} = R_{ej} WR_e \times R_{fj} WR_f \tag{6-5}$$

其中 $j=1, 2, \cdots, n$，$e=1, 2, \cdots, m$，$f=1, 2, \cdots, m$，且 $e \neq f$，当 $P_j(u, v)<0$，表示第 j 项设计要素无法满足第 u 项用户需求和第 v 项用户需求的相互排斥的需求，即存在物理矛盾，且 $P_j(u, v)$ 的绝对值越大，存在的矛盾越剧烈。根据某一种设计要素，两种用户需求的相关度乘积的最小值，来定义产品的最大物理矛盾。把表 6-4 矩阵中的前 10% 的相关度数据和后 10% 的数据分别用红色和绿色进行标注，分别计算出某一种设计要素，较大相关度和较小相关度的乘积，用 $P_j(u, v)$ 表示，根据公式（6-2），对相关计算结果进行对比，见表 6-6，可发现物理矛盾判断指标 $P_{10}(6, 11)$ 为最小值，根据该值，可在表 6-5 中定位对应的物理矛盾，即对于可拆卸性的设计要素，无法满足震动受力需求和座椅可拆卸需求的相互排斥，是绿色舒适汽车座椅的最大物理矛盾。

表 6-3　质量屋矩阵

序号	用户需求	设计要素 1 座椅形态	2 座椅厚度	3 透气性	4 包裹性	5 硬度	6 弹性	7 材料种类	8 材料保养	9 零件数量	10 可拆卸性	11 结构强度	12 成本控制	13 体积	14 操作空间	15 调节范围	重要度 wi	相对重要度 wRi（单位：%）	重要度排序
1	载荷能力强	3	1	0	0	3	1	3	0	3	1	9	0	1	0	-3	2.4	5.1118	13
2	功能丰富	0	0	0	0	0	0	1	1	3	1	0	-3	3	3	1	2.325	4.9521	14
3	流行时尚	3	-1	0	0	0	0	1	-1	1	0	0	-1	0	1	0	2.325	4.9521	15
4	工艺精良	1	0	0	1	0	0	9	1	-1	0	0	-3	-1	0	0	2.75	5.8573	11
5	造型优美	9	-1	0	0	0	0	3	0	3	1	0	-3	-1	0	1	2.425	5.1651	12
6	震动受力	3	3	-1	3	3	1	3	0	1	-3	3	-3	3	1	3	2.975	6.3365	10
7	尺寸角度位置	9	0	0	1	0	0	0	0	0	1	0	0	0	3	9	3.1	6.6028	9
8	操作舒适度	1	0	0	0	0	3	9	3	0	0	0	-3	3	9	3	3.75	7.9872	2
9	接触舒适	0	0	1	0	-9	3	9	3	0	0	0	-1	0	0	0	3.85	8.2002	1
10	体感舒适度	1	0	3	0	-9	3	0	0	0	0	0	-3	0	0	0	3.725	7.9340	3
11	可拆卸	0	0	0	0	-1	0	-1	0	9	9	-3	-1	0	0	0	3.525	7.5080	6

序号	用户需求	设计要素															重要度 w_i	相对重要度 w_{Ri}（单位：%）	重要度排序
		1 座椅形态	2 座椅厚度	3 透气性	4 包裹性	5 硬度	6 弹性	7 材料种类	8 材料保养	9 零件数量	10 可拆卸性	11 结构强度	12 成本控制	13 体积	14 操作空间	15 调节范围			
12	零件可替换	1	0	0	-1	-3	0	-1	0	9	9	-3	-3	-1	0	0	3.25	6.9223	8
13	耐久性强	1	1	0	1	3	-1	1	-1	0	-1	3	-3	1	0	-1	3.575	7.6145	5
14	易于清洁	0	0	-1	-1	0	-3	9	9	0	0	0	0	0	0	0	3.325	7.0820	7
15	材料环保	0	0	-3	0	0	-1	9	0	0	0	0	-1	0	0	0	3.65	7.7742	4

注：表中正值显示用户需求与设计要素的正相关关系，负值显示负相关关系，可从颜色深浅直观感受相关程度的大小。

表 6-4 质量屋相关矩阵

序号	用户需求	设计要素														
		1 座椅形态	2 座椅厚度	3 透气性	4 包裹性	5 硬度	6 弹性	7 材料种类	8 材料保养	9 零件数量	10 可拆卸性	11 结构强度	12 成本控制	13 体积	14 操作空间	15 调节范围
1	载荷能力强	0.153355	0.051118	0	0	0.153355	0.05118	0.153355	0	0.153355	0.51118	0.460064	0	0.051118	0	-0.15335
2	功能丰富	0	0.51118	0	0	0	0	0.049521	-0.04952	0.148562	0.049521	0	-0.14856	0.148562	0.148562	0.049521
3	流行时尚	0.148562	-0.04952	0	0	0	0	0.049521	0.058573	0.049521	0	0	-0.04952	0	0.049521	0
4	工艺精良	0.058573	0	0	0.058573	0	0	0.527157	0.058573	-0.05857	0	0	-0.17572	-0.05857	0.058573	0

（续表）

序号	用户需求	设计要素														
		1 座椅形态	2 座椅厚度	3 透气性	4 包裹性	5 硬度	6 弹性	7 材料种类	8 材料保养	9 零件数量	10 可拆卸性	11 结构强度	12 成本控制	13 体积	14 操作空间	15 调节范围
5	造型优美	0.464856	-0.05165	0	0.154952	0	0	0.154952	0.051651	0.154952	0.051651	0	-0.15495	-0.05165	0	0.051651
6	震动受力	0.190096	0.190096	-0.06337	0.190096	0.190096	0.063365	0.190096	0	0.063365	-0.1901	0.190096	-0.1901	0.190096	0.063365	0.190096
7	尺寸角度位置	0.594249	0.066028	0	0.066028	0	0	0.066028	0	0	0.066028	0	0	0.066028	0.198083	0.594249
8	操作舒适度	0.079872	0	0	0.079872	0	0	0	0	0	0.079872	0	-0.23962	0.239617	0.71885	0.239617
9	接触舒适	0	0	0.082002	0	-0.73802	0.246006	0.738019	0.246006	0	0	0	-0.082	0	0	0
10	体感舒适度	0.07934	0	0.238019	0	-0.71406	0.238019	0.714058	0.238019	0	0	0	-0.23802	0	0	0
11	可拆卸	0	0	0	0	-0.07508	0	-0.07508	0	0.675719	0.67572	0.22524	-0.07508	0	0	0
12	零件可替换	0.069223	0	0	-0.06922	0.20767	0	-0.06922	0	0.623003	0.623003	-0.20767	-0.20767	0.069223	0	0
13	耐久性强	0.076145	0.076145	0	0.076145	0.228435	-0.07614	0.076145	-0.07614	0	-0.07614	0.228435	-0.22843	0.076145	0	-0.07614
14	易于清洁	0	0	-0.07082	-0.07082	0	-0.21246	0.63738	0.63738	0	0	0	0	0	0	0
15	材料环保	0	0	-0.23323	0	0	-0.07774	0.699681	0.077742	0	0	0	-0.07774	0	0	0

注：表中灰色正值数据显示前 10% 的正相关度数据，灰色负值数据显示后 10% 的负相关数据；加粗的数字表示物理矛盾判断指标最小值对应的正负相关数据。

表6-5 自相关矩阵

序号	用户需求	设计要素														
		1 座椅形态	2 座垫厚度	3 保温透气	4 包裹性	5 硬度	6 弹性	7 材料种类	8 材料保养	9 零件数量	10 可拆卸性	11 结构强度	12 成本控制	13 体积	14 操作空间	15 调节范围
1	座椅形态	0														
2	座垫厚度	0.57644	0													
3	保温透气	0.006839	-0.01205	0												
4	包裹性	0.15822	0.038291	-0.00703	0											
5	硬度	0.00602	0.06137	-0.24252	0.67906	0										
6	弹性	0.032971	0.008861	0.105989	0.21294	-0.34903	0									
7	材料选用	0.26681	0.043678	0.010109	0.060834	-0.9575	0.175791	0								
8	材料保养	0.03317	-0.00601	0.013555	-0.0395	-0.36891	-0.01849	0.842795	0							
9	零件数量	0.154646	0.009429	-0.00402	-0.0105	-0.14455	0.011854	-0.05535	0.00212	0						
10	结构可拆卸	0.078657	-0.03763	0.012045	-0.06632	-0.2258	-0.00363	-0.11314	0.008466	0.85588	0					
11	结构强度	0.109708	0.077048	-0.01205	0.067906	0.218909	0.018169	0.15537	-0.01739	-0.19898	-0.311589	0				
12	成本控制	-0.19561	-0.04307	-0.0332	-0.0926	0.190923	-0.06543	-0.44484	-0.08132	-0.2304	-0.161079	-0.02828	0			
13	体积	0.0855	0.051575	-0.01205	0.049207	0.46994	0.008861	0.017818	-0.0119	0.080509	0.031992	0.062673	-0.1291	0		
14	操作空间	0.19796	0.022672	-0.00402	0.085971	0.012045	0.004015	0.065811	0.000978	0.025107	0.0658065	0.012045	-0.21911	0.216013	0	
15	调节范围	0.403102	0.059068	-0.01205	0.096717	-0.00478	0.010004	0.056513	0.008466	0.003888	0.0253181	-0.05181	-0.09152	0.123841	0.309361	0

注：表中正值数据表示设计要素间的正相关关系，负值数据表示负相关关系，可从颜色深浅直观感受相关程度的大小；加粗的数字表示最大相关关系。

表 6－6　物理矛盾判断指标

序号	物理矛盾判断指标	
1	P_{10} (6, 11)	−0.1285
2	P_{10} (6, 12)	−0.1184
3	P_{11} (1, 11)	−0.1036
4	P_{11} (1, 12)	−0.0955
5	P_{15} (1, 7)	−0.0911
6	P_{3} (10, 15)	−0.0555
7	P_{6} (9, 14)	−0.0523
8	P_{10} (14, 11)	−0.0515
9	P_{6} (10, 14)	−0.0506

根据前文中构建质量屋相关矩阵的方法和公式（6－3），构建质量屋的屋顶，见表 6-5 所列。对表 6-5 中的最小值-0.958 进行标注，其对应的设计要素座椅硬度和座椅材质种类，可定义为绿色舒适汽车座椅的最大的技术矛盾。

6.2.3　汽车座椅矛盾消解

针对上一节中发现的物理矛盾和技术矛盾，运用 TRIZ 的理论进行矛盾的消解。根据 6.1.3 小节中提出的针对物理矛盾和技术矛盾消解的方法，对于产品设计中的物理矛盾需要运用分离原理进行解决，其核心思想是实现矛盾双方的分离；对于产品中的技术矛盾主要运用矛盾矩阵，其核心思想是将设计要素转化成工程参数，根据对应的工程参数寻找解决方式，结合 40 个创新原理找到适合的设计思路。

表 6-7 所列为适用于座椅硬度的分离原理，可描述为：汽车座椅需要具备较好的稳固性和防震性，以满足舒适性要求；同时，汽车座椅需要具有相应的可拆卸的结构，以保证其零部件的替换和维修，但可拆卸结构的增加会降低座椅的防震性、舒适性。针对座椅可拆卸的矛盾，可以使用分离原理中的空间分离原理予以解决。

上一小节中将设计要素的座椅硬度和材质种类定义为绿色舒适汽车座椅的最大的技术矛盾，故座椅材质的选用需要满足座椅稳定性和舒适性的要求，座椅材质需有一定的硬度，能够保证在驾驶者在长时间工作的前提下，不产生形变且保持其稳定性，但是高硬度材质的选用会给驾驶的舒适性带来负面的影响。

表6-7 适用于座椅硬度的分离原理

目 标	设计描述	创新原理	创新原理描述
满足座椅稳固、防震和乘坐舒适的可拆卸属性	座椅需要具备较好的稳固性和防震性，以满足舒适性；同时，座椅需要具备可拆卸的结构，以保证其维护的快捷	空间分离原理	对同一个参数的不同要求，在不同的空间实现；局部最佳化

对以上的设计描述，把汽车座椅硬度设计对应为希望改善的工程参数：*13 稳定性的参数，把汽车座椅材质选用定义为避免恶化的工程参数：*16 静止物体作用的时间参数。根据工程参数的选定，可在矛盾矩阵中找到对应的创新原理解决：#39 惰性环境原理、#03 局部质量原理和#35 物理或化学参数改变原理、#23 反馈原理，创新原理对应表见表6-8所列。

表6-8 创新原理对应表

目 标	设计描述	工程参数	创新原理	创新原理描述
材质选用与硬度设计	座椅材质的选用需要满足座椅稳定性和舒适性的要求	希望改善参数 *13 稳定性 / 避免恶化参数 *16 静止物体作用时间	#39 惰性环境原理	制造一种惰性环境，同时还要考虑"不产生有害作用的环境"
			#03 局部质量原理	（1）让物体、环境或外部作用的均匀结构，变为不均匀的；（2）让物体的不同部分，各具不同的功能；（3）让物体的各部分，均处于完成各自动作的最佳状态
			#35 物理或化学参数改变原理	改变物体的物理状态，改变物体的凝聚度，改变物体的可挠度，改变物体的温度
			#23 反馈原理	将系统中任何（有用或有害）改变所产生的信息，都试做一种反馈信息源，用来执行矫正系统

6.2.4　绿色舒适汽车座椅优化设计

根据前文提出的汽车座椅需求，以及对需求矛盾消解所得到的设计思路、6.2.1 小节中提出的汽车座椅人机需求要素分析得出，为满足乘坐舒适、坐姿健康以及座椅表面舒适等需求要素，同时解决绿色舒适汽车座椅优化过程中的物理矛盾，需要结合空间分离理论对汽车座椅造型中很多成熟的形态结构进行拆分，重新进行形态研究，依据上述技术矛盾进行分析，要求座椅材质的选用需要满足座椅稳定性和舒适性的要求，座椅材质需有一定的硬度，能够足以保证在驾驶者长时间工作的前提下，不产生形变且保持其稳定性，但是高硬度材质的选用也会给驾驶的舒适性带来负面的影响。根据创新原理的提示，可以采用局部质量原理、物理或化学参数改变原理等，通过调整座椅的结构形态来实现。

6.2.4.1　座椅骨架选取

按照创新原理的提示，汽车座椅应选用企业提供的轻巧耐用型骨架。

6.2.4.2　头枕形态提取

人乘坐时，头枕作为汽车座椅的重要组成部分，主要功能在于保护乘坐者的头颈部。汽车碰撞实验发现，头枕可以保护人的头部与颈部，减轻撞击的损伤，具有较好的稳固性和防震性；在休息过程中，头枕能给头部支撑，帮助放松颈部肌肉，减少肌肉的劳损，满足生理健康需求。

按照人机形态的设计，可以将汽车座椅头枕形态构思为几种类型，如图 6-5 所示：平式头枕（a）、半隐式头枕（b）、WHIPS 头枕（c）、

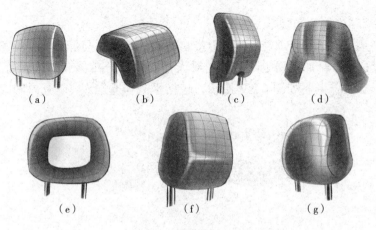

图 6-5　头枕形态构思

一体式头枕（d）、中空式头枕（e）、凸式头枕（f）以及凹式头枕（g）等。

头枕的材料要具有一定的硬度，才能保持稳定性，同时又不能让乘客产生太硬的不舒适感，可通过改变物体的物理状态、凝聚度、可挠度来改变头枕的形态，使得头枕对头颈部产生一定的支撑作用，显然一体式头枕（d）比较符合设计目标的要求。

6.2.4.3 靠背形态提取

靠背的造型主要由人体的脊柱曲线确定。全包裹式靠背为目前最为常见的汽车座椅靠背，多出现于高级轿车及赛车中，当人体随汽车转弯时，包裹式的设计可以保证座椅很好地将人体固定在座椅上，避免人体的左右滑移，满足乘坐舒适的需求靠背形态构思主要如图6-6所示，包括平式靠背（a）、半包式靠背（b）与全包裹式靠背（c）。根据前述的局部质量原理可知，全包裹式靠背（c）比较符合设计目标的要求。

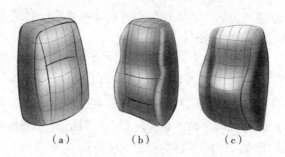

（a）　　　　（b）　　　　（c）

图6-6　靠背形态构思

6.2.4.4 坐垫提取

坐垫是汽车座椅承受人体压力最多的部件，也是与舒适性最相关的部分，其造型设计的发展也随着人们对人体的体压分布特点的认识而变迁，坐垫形态构思主要如图6-7所示，包括平式坐垫（a）以及内凹式坐垫

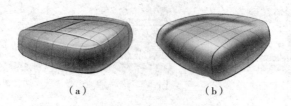

（a）　　　　　　　（b）

图6-7　坐垫形态构思

120

绿色舒适产品设计

（b）。其中内凹式坐垫（b）主要体现为坐骨骨节处的形态向下凹入，大腿底部的支撑部位凸起的形态特征，同样根据局部质量原理，通过改变形态，可以满足汽车座椅表面舒适和软硬合适的需求。

6.2.4.5　座椅方案设计

座椅设计的主要工程参数有：靠背与坐垫之间的夹角、坐垫与水平面夹角、坐垫深度、坐垫高度、靠背高度、坐垫宽度、靠背宽度、头枕高度、腰托长、腰托宽、腰靠厚、肩胛骨支撑高度。参照相关的设计标准，绿色舒适汽车座椅设计尺寸见表 6-9 所列。

表6-9　绿色舒适汽车座椅设计尺寸

尺寸项目	设计依据
靠背与坐垫之间的夹角 105°	人体躯干与大腿夹角 90°～120°
坐垫与水平面夹角 10°	防止身体滑动的不稳定因素
坐垫深度 300mm	人体坐姿座深（臀部至膝盖内侧）
坐垫高度 350mm	人体坐姿小腿加足高同时考虑膝关节舒适角度带来的尺寸变化
靠背高度 490mm	坐姿肩高，同时考虑坐姿眼高
坐垫宽度 860mm	坐姿臀宽以及坐垫侧面支撑不能压迫人体股骨
靠背宽度 790mm	与坐垫宽度相同
头枕高度 650mm	人体坐姿脊椎点高
腰托长 330mm	人体腰椎曲线形态
腰托宽 250mm	人体腰椎曲线形态
腰靠厚 40mm	人体腰椎的曲率
腰靠高 200mm	人体第二、三节腰椎位置
肩胛骨支撑高度 580mm	人体肩胛部位的高度

使用 CATIA 软件进行模型构建。头枕设计采用一体式结构，减少可拆卸属性在此处所产生的物理矛盾影响，座椅三维模型如图 6-8 所示。

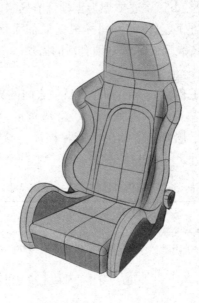

图 6-8 座椅三维模型

6.3 绿色舒适产品评价分析

6.3.1 用户需求评价

6.3.1.1 人机形态需求的评价

在产品使用过程中，部分零部件与人的使用操作发生直接的关联，如操作手柄、显示仪表等，设计要求操作配置方便、合理，人机界面友好易懂，操作者在作业时感到安全和舒适，尽量避免操作失误而造成的人身伤害，使人机系统达到最高的效率。

大部分时候，基于用户的描述，可以将此类问题简单地概括为，舒适度良好。因此，在产品的设计开发过程中，充分考虑人的因素，满足用户舒适性、效率性、健康性等要求的综合性产品评价，可以归结为产品的舒适度评价。产品的总体舒适性设计及评价受到不同产品的人机尺寸、评价指标等影响，目前对于舒适性评价概念研究不多。参照5.2.1.3，可以采用以下方法：计算机虚拟仿真、产品模拟仿真、人体模型仿真、产品样机

测试等。对于接触式的人机形态的评价，还可以通过肌电实验、压力分布
实验进行。[①]

6.3.1.2　环境形态需求的评价

绿色度是衡量绿色产品对环境产生的影响程度，在产品全生命周期中
以一种量化的数值来体现，是指产品全生命周期内对环境的友好程度，包
含资源、能源与环境的输入输出量。绿色度是动态的概念，衡量产品满足
绿色特性的程度，体现的不是某个阶段的指标，而是产品全生命周期综合
测评指标。好的绿色设计产品在满足消费者需求的前提下能够最大限度地
节约资源，减少对环境的危害。根据绿色产品的特征，绿色属性指标应当
包括 5 个方面，如图 6-9 所示。[②]

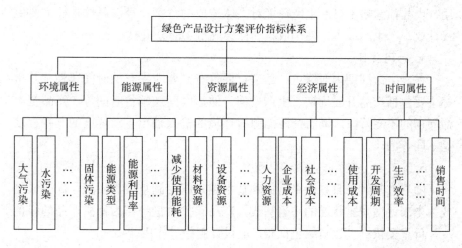

图 6-9　绿色产品设计方案评价体系

1. 环境属性

绿色产品与其他普通产品本质的不同在于绿色产品更注重考虑环境的
影响。环境属性为绿色产品的主要特征。绿色产品从材料获取、生产制
造、使用维护至回收处理的整个生命周期中对环境友好，应具有良好的环
境特性。随着人们对环境的重视，绿色产品的属性也更加具有优势。

2. 资源属性

产品资源包括产品设计过程中使用的材料资源、设备资源、信息资源

① 钟柳华，孟正华，练朝春. 汽车座椅设计与制造［M］. 北京：国防工业出版社，2015.
② 张青山，邹华，马军. 制造业绿色产品评价体系［M］. 北京：电子工业出版社，2009.

和人力资源。材料资源和设备资源会对环境造成最直接的影响，也最受到重视。

3. 能源属性

现代社会提倡充分利用资源，节约能源，做到可持续发展。绿色产品的全生命周期中涉及能源的输入和输出，需要消耗掉大量的能源，因此要尽量使用绿色清洁能源，提高资源的利用率。能源属性指标又包括能源与清洁能源利用率、再生能源使用率等。

4. 经济属性

经济性指标主要考虑产品经济活动中产品的设计成本、生产成本和一些其他影响产生的附加成本，很少考虑产品的拆卸、回收和处理处置费用，也往往忽略不良的生产环境对人体造成的危害。经济属性指标主要由设计成本、生产成本、使用成本和社会成本 4 部分组成。

5. 时间属性

在全生命周期内对绿色产品进行评价有必要考虑它的时间属性，其指标主要包括产品开发周期、生产效率、储运时间及销售时间等。产品全生命周期的不同阶段的动态资源能源对环境的输入输出、对环境的友好程度是不同等的。

6.3.1.3 产品碳排放评估意义

随着大气污染日趋严重，低碳技术越来越受到重视和发展，碳排放量成为未来评估减排状况的一道基线。产品碳排放量将作为衡量产品的绿色度评价重要依据，也对绿色低碳产品设计起指导作用。[①]

（1）产品碳排放评估能够根据环境的变化进行及时调整，对环境起到保护和预防环境污染的作用，减少产品活动对环境产生的消极影响。

（2）产品碳排放评估能够提高企业的社会声誉。在产品的贸易过程中，一些发达国家要求提供产品的环境影响评估数值，以保护生态环境，对温室气体产生的控制也成为企业注重考虑的。产品的碳排放评估有助于提升企业的知名度和口碑，增强企业的竞争力。

（3）一个企业长远的发展需要建立在可持续的基础上，碳排放量评估能够减少对环境的危害，有助于企业的长远发展。产品的碳排放评估可以避免环境问题造成的损失，做到有备无患。

---

① 赵志强，韩雪飞，陈世杰，等．基于 LCA 和 TRIZ 的产品生态设计方法研究［J］．合肥工业大学学报（自然科学版），2013，36（1）：11–14.

在此背景下，为了提升产品的环境绩效，进一步控制相关产品造成的生态环境污染，中国质量认证中心开展了低碳产品认证的相关研究工作。这也进一步证明了碳排放在产品绿色属性中所占的重要位置。

6.3.2　常用评价方法

6.3.2.1　绿色产品评价方法

绿色产品的评价方法包括相关综合评价法和生命周期评价法两大类。综合评价是对产品的"绿色属性"进行综合评价，是一种目标评价方法，包括成本效益法、价值工程评价法、加权平均法、层次分析法、模糊评价法、TOPSIS 法等，最终得到各产品的"绿色属性"。产品的全生命周期评价是一种对产品从原材料、设计、工艺、生产、销售、使用、回收再利用、维护和报废整个生命周期各阶段产生环境负荷评价的过程。①

1. 成本效益法

成本效益法是把产品不同的技术方案进行比较，得出成本更低、效益更高的方法。成本反映主要费用，效益则反映了经济和社会效果。成本效益法以建立成本（效益）模型，来反映成本或效益与方案特征参数之间的关系，据此选择效益成本比率最大的方案。

2. 价值工程评价法

产品功能和成本之间有着密切的关系，价值工程评价法能够更好地处理二者之间的关系，并能够最大限度地提高产品价值。价值工程评价法中价值与功能成正反比关系，产品的功能越好、成本越低，则价值越大，因此改善产品的功能与降低成本可以提高产品的价值。

3. 加权评分法

加权评分法主要考虑评价因素或评价指标在评价过程中的作用与地位的不同性，差别由每个评价因素或评价指标确定的某个权重来体现。

4. 层次分析法

层次分析法的基本思想是通过比较构建问题体系中的各层因素的相对重要性，构建上层要素对下层相关元素的判断矩阵，相对给出相关元素对某要素的重要度序列。

5. 模糊评价法

模糊评价法是一种综合评价方法，通过多个影响因素评价而得出结

---

① 张青山，邹华，马军 . 制造业绿色产品评价体系［M］. 北京：电子工业出版社，2009.

论，其评价对象可以是方案、产品或是各类人员（如生产人员、技术人员、管理层等）。目前绿色产品评价过程多数是先由层次分析方法（AHP）建立一个指标评价体系，包含产品的基本属性、环境属性、能源资源属性等，并计算各指标的相对权重，再利用模糊综合评价法、TOPSIS 等多目标评价法，计算出各产品的绿色属性，这样得到一个数值来表示绿色属性，具有明显的单一性，不能够全面反映绿色产品的真实的属性。

6. TOPSIS 方法

TOPSIS（Techniques for Order Preference by Similarity to Ideal Solution）方法根据理想点原理，寻求离理想点最近的方案。TOPSIS 方法通过消除不同因素评价结果的偏差，能够有效地减少评价差异。根据理想点原理来确定一个理想点，然后寻找一个与理想点距离最小的点。若能够在问题解的约束空间中解决问题，则该点对应的方案即为最佳方案。TOPSIS 方法由决策矩阵和指标权重来衡量。

绿色产品综合评价方法有利于评估产品的绿色度，为产品的整个设计提供设计准则，使产品能够满足环境、社会和消费大众的需求。

6.3.2.2 生命周期评价法

生命周期评价法（Life Cycle Assessment，LCA）是绿色产品评价方法中主要评价方法之一。根据毒理学与化学学会（SETAC）的定义，生命周期评价通过量化能量输入输出、物质利用、环境排放物来进行辨识的过程，是一种对产品从设计、生产、销售、报废再利用总的生命活动对环境造成的影响评价的过程。其目的在于评估产品全生命总过程活动对环境造成的影响，寻求更好地利用和改善环境的机会。产品绿色度的评价是一种全生命周期评价方法，是基于产品的整个产生、消费与分解的过程。一个完整的生命周期评价体系由以下 4 个部分组成。

（1）目标与范围定义。生命周期评价方法首先要进行目标与范围的定义，只有先确立了评价的目标和要求行为的规范，才能进行下一步的评价。

（2）清单分析。清单分析将产品活动中的输入和输出进行量化，主要包括数据的收集和计算，其过程是对所研究系统中输入和输出的数值建立清单的过程。

（3）影响评价。为了更便于认识产品生命周期对环境造成的影响，根据清单分析阶段的结果对产品生命周期的环境影响进行下一步评价。在这一过程中，清单分析的数据将会被转化为具体的影响条件和指标参数。

（4）结果解释。对评价结果进行评估，以最初的目的和范围要求分析产品整个生命周期中的问题，得出结论和提出建议。

近年来，生命周期评价方法得到广泛的应用，绿色产品也将成为未来的重要的发展趋势。

6.4　绿色舒适汽车座椅绿色度评估

6.4.1　生命周期绿色产品评价软件

LCA 软件可以进行绿色产品评价，也能够为绿色设计提供支持和反馈指导。目前国外和国内正在研和已开发的绿色设计及评价软件主要包括数据库软件、生命周期分析软件以及过程物流分析软件等。有代表性的研究成果，见表 6－10、表 6－11 所列。

表 6－10　国外绿色产品设计评价应用软件工具一览表

工具名称	开发单位	功能特点
Ecopro	EMPA	基于内在的能量/质量数据库进行绿色设计的生命周期分析，包括环境影响分析评价
PEMS－PIRA 环境工具	PIRA International	
Simapro3	Pre 生产生态咨询公司	
OEKO－Base fur Window（主要针对瑞士产品的包装材料开发的，不适用于复杂产品）	Migros－genossenschaft Bund	
LCA Inventory Tool	Chalmers Industriteknik（瑞典）	该工具数据主要是关于制造、运输过程中的能量消耗。可用于复杂产品，但无环境影响评估功能
DFA/DFD	BoothroydDewburs 公司	可以进行拆卸/回收过程分析、工艺流程分析及可制造性分析
Econanager	PIRA Franklin Associates	面向绿色设计的生命周期分析
生命周期清单工具	EDIP	
GaBi	Institute for Polymer Testing and Science	利用单元工艺数据库，进行面向绿色设计的生命周期分析

（续表）

工具名称	开发单位	功能特点
LCAiT	Chalmers University	基于内在的能量/质量数据库进行绿色设计的生命周期分析
LMS 生产清单系统	LMS Umweltsystem	用数据库技术进行绿色设计的生命周期分析
PIA 清单工具	TEM	利用单元工艺数据库，进行面向绿色设计的生命周期分析
Porduct LCI Speadshect	Porctor and Gambel 欧洲技术公司	面向绿色设计的生命周期分析
Restar	Green Engineering Associates	拆卸/回收过程分析
TEAM and DEAMs	EcoBiLan	面向绿色设计的生命周期分析及工艺流程分析及可制造性分析
SWAMI	EPA	
PRICE	Lock beed Martin	
LAScR	斯坦福大学	
SEER	Golorath Associates Inc	

表6-11　国内绿色产品设计评价应用软件工具一览表

工具名称	开发单位	功能特点
支持绿色产品设计的原型软件	清华大学，上海交通大学，合肥工业大学，机械科学研究院，国家自然科学基金项目"机电产品绿色设计理论与方法"	系统具有产品的生命周期评价、材料的绿色度评价和选择、绿色包装的设计评价、维修性评价、产品拆卸回收路径规划等功能，并以空调为例实施评价
网络化的绿色产品环境经济性能评估软件	清华大学	将绿色产品评估技术与网络技术结合起来，实施网络化的绿色产品环境经济性能评估

（续表）

工具名称	开发单位	功能特点
机电产品绿色度综合评价原型系统	浙江大学，浙江省重点科技资助项目"绿色设计在电除尘器中的应用"	系统开发采用 Object&VC++技术，并嵌入 AutoCAD2000 中。系统能对机电产品进行绿色度综合评价，协助机电产品的设计开发人员进行绿色设计和绿色制造，并对浙江菲达机电公司生产的电除尘器进行评价
绿色产品评价系统软件	吉林大学，国家自然科学基金资助项目"基于数据包络分析的非均一评价及判别分析方法研究"	系统用 VB 开发，对电冰箱实施评价
基于 WEB 的核武器产品绿色制造评价系统	中国工程物理研究院专项建设基金项目	系统从武器技战术性能目标、经济目标、资源目标、环境目标等方面建立核武器产品的绿色性评价指标体系。应用基于 WEB 的多专家协同评价模糊求解算法和一次评价模糊求解算法，属于基于 WEB 的绿色评价系统

目前，国内外绿色产品评价软件特点不尽相同，但是基本上是以全生命周期评价方法为出发点，综合评价绿色产品的绿色度，较为科学合理。由于时代的不断发展和环境的不断改变，绿色产品评价系统也需要不断改进和完善。

6.4.2　Gabi 分析与结果

本书选用 Gabi 软件进行汽车座椅的绿色设计生命周期分析。环境影响评估软件 GaBi 由德国开发，初学者很容易使用和上手，同时也适合有经验的 LCA 软件使用者，使用版本为 GaBi4。GaBi 数据库材料流程与能源配置共有 800 种，软件自由度较高，使用者可以在其中一套流程中自行发展出一套子系统。其中 GaBi 数据库自带 400 种工业流程供使用者选择，再输入时为使用者提供多种能量、质量等对照表，使用者可以自行输入或编辑资料，也可以输出至微软 Excel 软件。

汽车座椅总成的整个生命周期过程如图 6-10 所示。

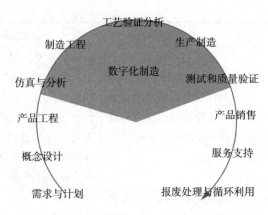

图 6-10　汽车座椅总成的整个生命周期过程

（1）首先根据研究目的确定研究范围，包含原材料和产品生产制造以及使用、回收处理的全过程。由于不同导向得到的汽车座椅在性能特征上的区别主要在于选用材料的不同以及材料用量的不同，忽略不计的是在总装配和布置细节方面。因此，本节对不同设计导向生产的汽车座椅的绿色度评价主要集中在原材料阶段。

（2）清单分析。由于相关材料数据对企业而言是商业机密，故本书只列出最主要的构成部件的材料数据。如图 6-11 为舒适座椅 A 号以及汽车舒适座椅 B 号，两款汽车座椅总成的主要零部件及其原材料清单。下一步将汽车舒适座椅 A 号原材料清单（1）及汽车舒适座椅 B 号的原材料清单（2），输入 Gabi 软件中。

（3）影响评价。对两款汽车座椅总成进行原材料阶段的分析后，得出两款方案的碳排放数据结果。图 6-12 所示的是 Gabi 软件界面显示的两组方案在原材料上的含量和种类上的明显差异。

在得到原材料阶段的输入后，利用 Gabi 软件的资料库分析每一项原材料的二氧化碳排放量。图 6-13，列出汽车舒适座椅 A 原材料阶段的二氧化碳排放量，图 6-14 为汽车舒适座椅 B 的分析数据图。

（4）结果解释。上文分别分析了两款汽车座椅总成的主要零部件及其原材料多个环境影响指标与碳排放量，并进行了对比评价。由分析的结果不难得出，优化后的汽车舒适座椅 B 比单纯 TSD 方法设计的汽车舒适座椅 A，在全生命周期生产活动中更有利于产品的工艺、生产、循环利用和最终处理，使其整个生命周期系统减少了对环境的负荷，并且最大化地满足了用户的需求。

原材料清单（1）		
	材料	质量/kg
黑色金属	钢管	13.8
	钢丝	0.23
	冷轧钢板	3.6
	薄钢板	1.75
塑料	聚丙烯（PP）	0.36
	聚苯乙烯（PS）	0.443
人造革	聚氯乙烯（PVC）	0.856
发泡材料	丙烯腈/丁二烯/苯乙烯共聚物板（ABS）	0.891
	异氰酸酯（黑料）	1.505
	聚醚（白料）	1.184
	环戊烷（发泡剂）	0.176
润滑油	润滑油	0.5
面料	布套面料	0.6
真皮	真皮	1.2
橡胶	橡胶	0.367

原材料清单（2）		
	材料	质量/kg
黑色金属	钢管	10
	钢丝	0.23
	冷轧钢板	3.1
	薄钢板	1.75
塑料	聚丙烯（PP）	0.36
	聚苯乙烯（PS）	0.1
人造革	聚氯乙烯（PVC）	0.856
发泡材料	丙烯腈/丁二烯/苯乙烯共聚物版（ABS）	0.569
	异氰酸酯（黑料）	1.327
	聚醚（白料）	0.813
	环戊烷（发泡剂）	0.126
润滑油	润滑油	0.5
面料	布套面料	0.4
橡胶	橡胶	0.367

图 6-11　两个方案的原材料计划

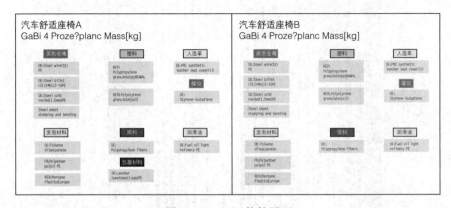

图 6-12　Gabi 软件界面

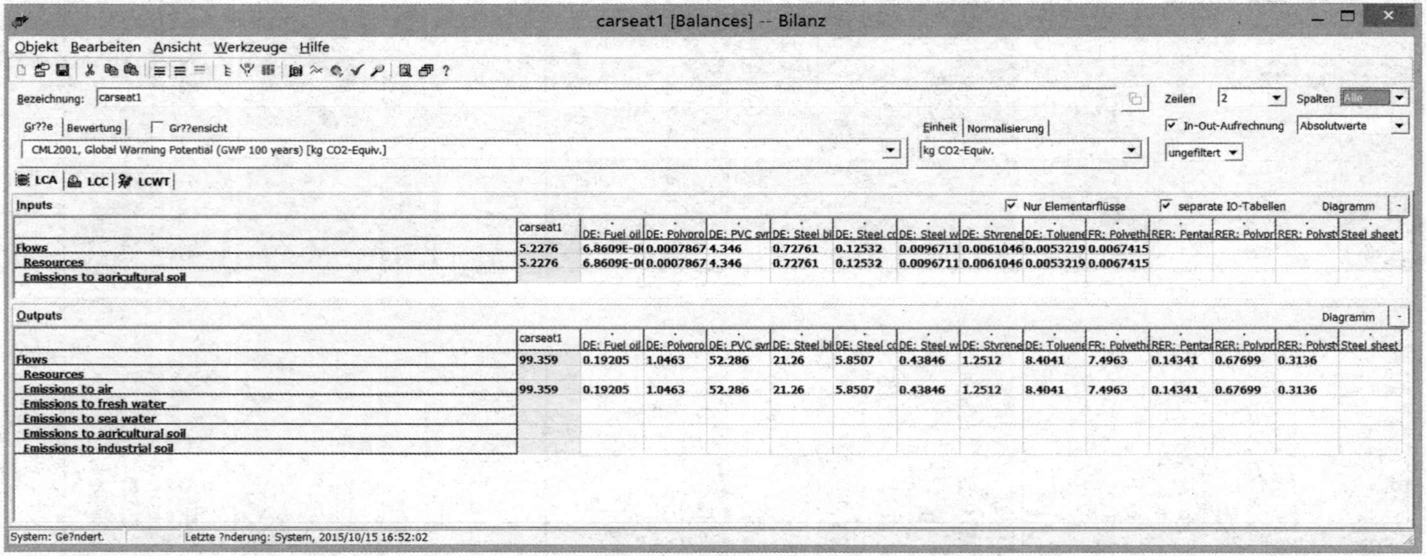

carseat1 [Balances] -- Bilanz

Objekt Bearbeiten Ansicht Werkzeuge Hilfe

Bezeichnung: carseat1

Gr??e Bewertung | Gr??ensicht

CML2001, Global Warming Potential (GWP 100 years) [kg CO2-Equiv.]

LCA | LCC | LCWT |

Einheit | Normalisierung | kg CO2-Equiv.

Zeilen | 2 | Spalten | Alle
In-Out-Aufrechnung | Absolutwerte
ungefiltert

Nur Elementarflüsse   separate IO-Tabellen   Diagramm

Inputs									
carseat1	DE: Fuel oil	DE: Polyoro	DE: PVC sxr	DE: Steel, bl	DE: Steel, cc	DE: Steel, w	DE: Styrene	DE: Toluen	FR: Polyeth	RER: Penta	RER: Polyol	RER: Polyst	Steel sheet
5.2276	6.8609E-01	0.0007867	4.346	0.72761	0.12532	0.0096711	0.0061046	0.0053219	0.0067415
flows									
Resources	5.2276	6.8609E-01	0.0007867	4.346	0.72761	0.12532	0.0096711	0.0061046	0.0053219	0.0067415
Emissions to agricultural soil									

Diagramm

Outputs									
carseet1	DE: Fuel oil	DE: Polyoro	DE: PVC sxr	DE: Steel, bl	DE: Steel, cc	DE: Steel, w	DE: Styrene	DE: Toluen	FR: Polyeth	RER: Penta	RER: Polyol	RER: Polyst	Steel sheet
99.359	0.19205	1.0463	52.286	21.26	5.8507	0.43846	1.2512	8.4041	7.4963	0.14341	0.67699	0.3136
flows									
Resources	99.359	0.19205	1.0463	52.286	21.26	5.8507	0.43846	1.2512	8.4041	7.4963	0.14341	0.67699	0.3136
Emissions to air									
Emissions to fresh water									
Emissions to sea water									
Emissions to agricultural soil									
Emissions to industrial soil									

System: Ge?ndert.   Letzte ?nderung: System, 2015/10/15 16:52:02

图6-13　汽车舒适座椅A原材料阶段的二氧化碳排放量

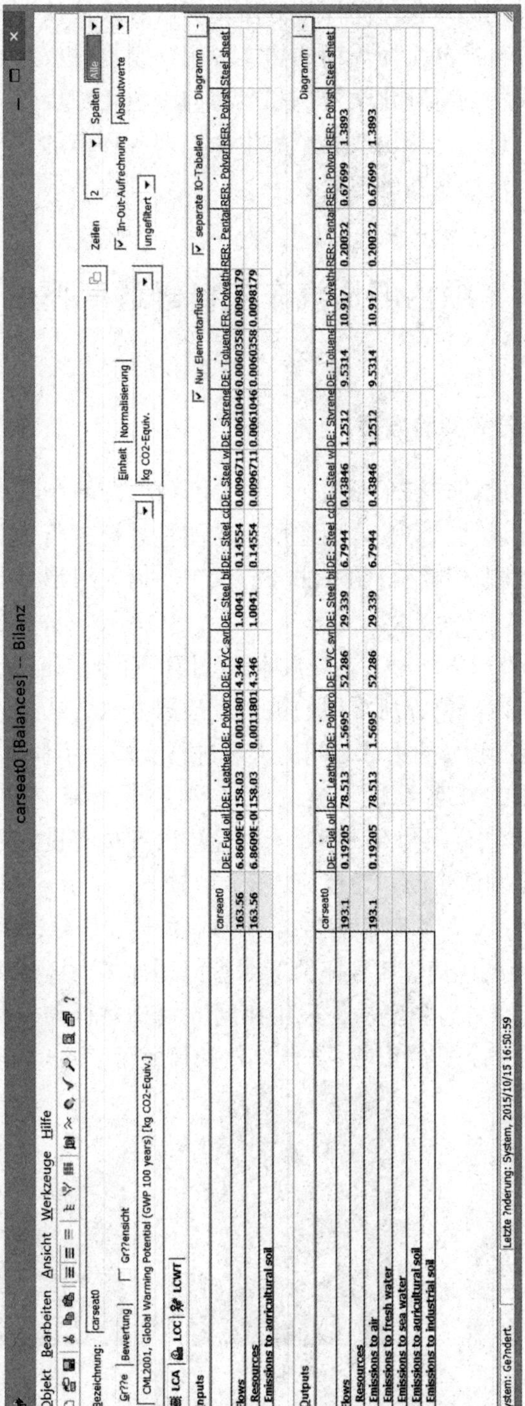

图6-14　绿色舒适的座椅B的分析数据图

根据全生命周期的绿色产品评价方法，可以有效地从环保和设计方法学的角度，分析评价产品生命周期的物能利用、废物排放对环境的影响与治理、有毒有害废物的毒理化学辨识和产品的绿色化程度等。后续还可以为产品提供广泛信息，并提出改善产品生命周期各环节的有利建议，以及提出更好地减少对环境负荷的建议。

6.5 绿色舒适汽车座椅舒适度评估

6.5.1 体压分布实验方案

本节将前文所设计的汽车座椅 A、B 与市场现有的一款汽车座椅进行舒适性的实验对比评估。实验采用体压分布测量系统进行客观实验，并采用主观评价与客观测试相结合的方法分析汽车座椅人机形态与坐姿舒适性的关系。

根据国标 GB/T12598—91 中对人体观测值的百分位定义选取实验者的尺寸范围。根据国内外研究所沿用的被试者选取办法，选择人体尺寸人体百分位为 P_5 的女性到 P_{95} 的男性之间的人员进行实验。实验选择 12 名被试者，包括 6 名男性，6 名女性。被试者平均年龄为 25 岁，身高范围为 170.0±10.0cm，体重范围为 65±15kg。所选被试者具有良好的身体健康状况，并且实验前无剧烈活动，无疲劳现象。

如图 6-15 所示，3 款座椅编号为 A 号、B 号、C 号，其中 A 号座椅为运用 TSD 法设计的座椅、B 号座椅为绿色舒适座椅、C 号为某公司的现有产品。3 款座椅均为驾驶座椅，采用相同的填充材料和表面覆盖物，以排除材料对体压分布数据的影响，3 款座椅的尺寸见表 6-12 所列。

A号座椅

B号座椅

C号座椅

图 6-15 3 款座椅的样式

表 6-12　3 款座椅的尺寸

	A 款座椅	B 款座椅	C 款座椅
坐垫高	274mm	279mm	283mm
坐垫宽	526mm	523mm	516mm
坐垫深	370mm	380mm	380mm
腰靠高	168mm	181mm	163mm
坐面倾角	11.3°	11.8°	12.8°
靠背倾角	112°	105°	125°
座翼角	60°	80°	120°
座翼高	12mm	10mm	7mm
腰靠侧翼角	65°	74°	30°
腰靠侧翼高	24mm	26mm	10mm

实验仪器选用美国 Tekscan 公司的体压分布测试系统，对人与座面产生的压力分布数据进行采集。使用 CONFORMat Research 系统可以对 8 个压力分布数据指标进行分析，分别为总压力、取样区面积、接触面积、取样区压强、接触压强、峰值压力、取样区峰值压强以及峰值接触压强。

通过对被试者的测试，以及舒适度的主观评价完成舒适度的评估。

实验过程记录了 12 名被试者乘坐 3 款座椅的体压分布，共 36 组数据。试验后对被试者进行主观评价的统计，被试者对座椅的头枕、靠背、腰托、坐垫 3 个部分共 9 个指标的舒适度进行评分。根据统计结果计算平均值，发现 B 号座椅的评分最高，对 B 号座椅而言，背部、腰部以及臀部的舒适度相较于其他座椅而言评价更高，因此可知其座椅形态更符合人机需求。

6.5.2　数据挖掘与分析

对 9 个评价指标，通过加入人体身高、体重以及人的主观舒适度评价值作为相关分析的因子进行分析，得到：A 号座椅的靠背接触面积与坐垫接触面积、坐垫的平均压强有较大的正相关关系，即在人机形态方面只注重了坐垫的设计，而靠背的设计有欠缺。B 号座椅的舒适度较高，座椅在人机形态方面，其靠背的高度有所增加，因此背部的接触面积与人体能较好地贴合，并且随着身高的改变而增大背部的人机接触面，因此可知，靠背尺寸高一些、人机形态更贴合的座椅拥有更高的舒适性。同时，平均压强可以在面向大体重时，通过增加接触面而减小，所以增加人机接触面积，可以提高人体舒适性。C 号座椅人机形态最不明显，坐垫的接触面积与体重有比较高的相关性，缺少人机形态的造型，因此在人机接触面通过人体压力自然形成的情况下会降低舒适感。

6.5.3 舒适性分析

6.5.3.1 体压分布各项数据对比

1. 接触面面积

B 号座椅在 12 位测试者的接触面积数据中均为最大值，而 A 号座椅相对居中，C 号座椅接触面积最小。通过提取本实验中接触面积的参数，发现 B 号座椅相对于其他两款座椅而言，拥有比较明显的人机形态，这也说明 B 号座椅的形态更能与人体贴合；同样，相对于 A 号座椅和 C 号座椅，可以发现 A 号座椅的形态比较符合人机形态，而 C 号座椅则基本处于平式座椅的结构，未体现明显的人机形态，因此将人机形态按明显程度排序，B 号座椅人机形态最明显、A 号座椅次之、C 号座椅最差。

2. 平均压强

通过研究平均压强，可以得到相应的座椅软硬度感受，而压强的大小也对人体产生反作用，影响舒适性。在坐垫的平均压强折线图中，发现 B 座椅的平均压强折线处于最下方，A 号座椅居中，C 号座椅最高，平均压强数值的平均值符合 B 号座椅最小的特点。综上所述，B 号座椅的平均压强最小，符合实验的预期结果。

6.5.3.2 横纵向压力分布曲线图

分别以靠背和坐垫为单位输出 3 款座椅的压力分布数据，用 Excel 软件进行数据统计，计算 12 位被试者横纵向压力分布的最大值，并计算平均值，得到相关的横纵向压力分布曲线图，并且对比 3 款座椅坐垫与靠背的压力分布曲线情况，对座椅的形态进行评价。

1. 坐垫的横纵向压力分布曲线

由坐垫的横纵向压力分布曲线可知，B 号座椅坐垫的压力峰值小，对称度相对较高，而 A 号座椅和 C 号座椅坐垫的横向压力分布不均匀，坐压的分布左右不对称，压力分布最大值应该出现在左右坐骨骨节处，而图 6－16 显示 A 号座椅和 C 号座椅的压强主要集中在右侧坐骨上，C 号座椅向右侧偏移，因此 A 号座椅和 C 号座椅的舒适性都受到一定影响。

从坐垫的纵向压力分布曲线比较图中可发现，B 号座椅压强最小，A 号座椅和 C 号座椅压强值比较大，B 号座椅的压力峰值在坐垫的 35cm 至

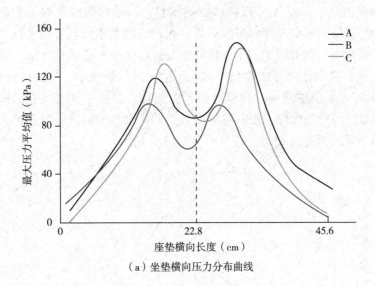

（a）坐垫横向压力分布曲线

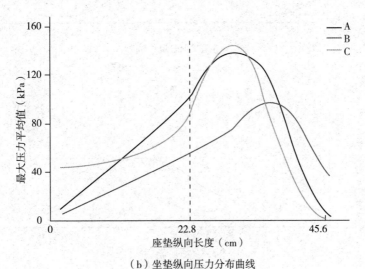

（b）坐垫纵向压力分布曲线

图 6-16　坐垫的横纵向压力分布曲线

40cm 处，A 号座椅和 C 号座椅的压力峰值位置相对靠前，再结合主观舒适性的评价得知，B 号座椅峰值压强的纵向位置使人体感觉更舒适。

2. 靠背的横纵向压力分布曲线

从靠背的横向压力分布曲线图可知，B 号座椅的压力最小，并相对于中心线左右对称，肩部两侧、腰部两侧有一定的压力，所以可以判断该处人机形态对肩部、腰部有较好的包裹性和贴合度，有效增强了人体在座椅内的侧向稳定性；而 A 号座椅向右侧偏移，不对称因素影响了主观舒适性；C 号座椅腰部和肩部包裹性不强，在设计时基本没有考虑人机形态与人体的接触性，因此也影响了人体的主观舒适度，如图 6-17（a）所示。

从靠背纵向压力分布曲线可知，B 号座椅压强最小，分别在 10cm 和 30cm 处有压强值的增高。就靠背的形态而言，对比于 A 号座椅、C 号座椅，B 号座椅包裹性好、左右对称度高，并且腰托与肩胛骨处支撑力度相差不大，靠背舒适性较高，如图 6-17（b）所示。

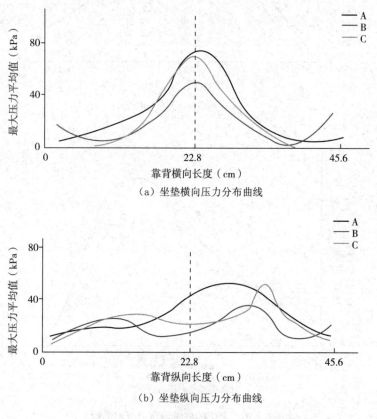

图 6-17　靠背的横纵向压力分布曲线

6.5.3.3　等压梯度图的对比

分别选择 3 款座椅体压分布二维图较为规范、舒适度评价较好的样本来进行等压梯度图的输出。在此以 9 号实验者为例，输出 3 款座椅的体压分布等压梯度图，如图 6-18 所示。

对比可知，B 号座椅的压力分布更均匀，峰值压强基本集中于坐骨骨节处，而其他部位的压强值逐渐减小，获得了比较均匀、对称度比较高的

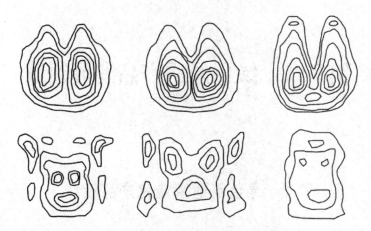

图 6 - 18 　3 款座椅的体压分布等压梯度图

等压梯度。A 号座椅对于 9 号被试者而言，峰值压强大，左右不对称，且集中于坐骨处的压强最大值范围面积也较大，因此该座椅舒适度低于 B 号座椅。C 号座椅大腿前部出现压力突变，使得压强在腿部较其他两款座椅更大，并且对于压力的分布左右不对称，坐骨骶骨处也有较大的压力峰值。因此，对等压梯度图的研究发现，B 号座椅最符合舒适性要求。

　　由以上数据可得，对于舒适性的评价 B 号座椅最好，A 号座椅次之，C 号座椅第三，而各项数据显示的结果具有一致性。

第7章 绿色舒适产品发展领域

7.1 绿色舒适智能化产品设计

7.1.1 智能化产品发展现状

智能化产品设计作为21世纪科技发展的最新成就，为人类社会带来了巨大的影响，它从根本上改变了人类的生活、工作方式以及认知、感知世界的方式。面对智能技术时代的强烈来袭，智能化产品的广泛应用成了这一技术时代发展的新趋势。现在，仍然是以弱人工智能化产品为主导的世界，强人工智能时代在不远的将来将会逐渐实现。目前对于智能化产品设计的研究，主要停留在以用户需求为基础的产品视觉界面形态设计研究，在"人-机""人-机-环境"方面的考虑比较欠缺，这导致市场上智能化产品易用性不高，用户体验问题层出不穷，且存在严重的资源浪费等问题。

7.1.1.1 国内智能化产品设计的发展现状

智能化已经成为未来的发展方向，1G网络的产生到5G时代的来临，为智能化发展奠定了更为坚实的基础。大数据的到来、信息的更迭，使得技术的革新日新月异。由虚拟VR技术、语音操作以及穿戴设备等为主流的智能化产品逐渐出现在人们的日常生活中。最近几年，国内才开始重视人机交互的重要性，开始关注人和产品之间的关系，不再单单注重产品所提供的功能，还开始注重人与产品之间互动的情感沟通。但是，在人机交互设计领域并没有开创之作，更多的是在国外智能化产品基础上的二次交互创新。与此同时，在设计研发的过程中缺乏对智能化产品生命周期、产品回收利用、产品废弃处理以及产品对生态环境影响作用等方面的考量，导致智能化产品伴随人类生活智能化进程的同时，也对生态环境产生了一系列的恶劣影响，主要集中在环境污染，甚至生态失衡。

综上所述，国内智能化产品发展日趋成熟，但在人机舒适性以及对生态环境的影响方面的研究仍须继续深入。

7.1.1.2　国外智能化产品设计的研究现状

国外的智能化产品设计起步很早，在 20 世纪 90 年代伴随着互联网和计算机的出现，智能化产品设计就已经开始发展和普及，如今更是引领智能化产品创新的风潮；有些企业十分重视智能化产品领域的人机交互舒适性问题，使得产品颇受消费者的追捧。首屈一指的当属美国的苹果公司，其推出的智能手机 Iphone 和平板电脑 Ipad 等智能化产品，为人们提供了与产品交互的全新方式，例如滑动、触摸、扫描、语言、重力感应等。其在人机交互舒适性方面的考量可谓是追求极致，实现了真正的自然交互，有效降低了学习成本，创造了良好的用户体验。在智能化浪潮的冲击下，在智能化产品对生态环境的设计研究方面也较为成熟。早在 20 世纪 60 年代，维克多·帕帕奈克出版的《为真实的世界设计》一书中提出：设计的最大作用并不是创造商业价值，也不是包装和风格方面的竞争，而是一种适当的社会变革过程中的元素。他同时强调，设计应该认真考虑有限的地球资源的使用问题，并为保护地球的环境服务。在当代，新能源电动汽车的发展也很好地印证了国外对于智能化绿色产品设计的研究思考。新技术、新能源和新工艺的不断出现，为设计环境友好的汽车开辟了崭新的前景。

综上所述，国外在智能化产品方面的研究较国内处于领先地位。但在 5G 技术的引领下，可以预见，中国智能化产品设计的发展，在未来能够迎来一次前所未有的突破，并彻底改变人类的生活方式。

7.1.2　绿色舒适产品的智能化发展

7.1.2.1　绿色舒适产品的智能化设计原则

（1）实用原则。工业设计产品的实用性是产品的基本属性，主要体现在"使用"一词上。智能化产品的控制方法应符合实用原则，否则人们会觉得不方便或不容易使用，若仍然按照传统方法控制家居产品，则失去智能控制的意义。

（2）标准化原则。老年人智能化产品设计应按照国家和地区相关标准进行，以保证系统的可扩展性。

（3）易用性的概念。易用性首先体现在合理的人机规模上，包括合理的空间布局和功能分区规划，满足老年人需求的设备和器具的规模，以及满足老年人需求的交互界面。

此外，从使用者自身的客观角度来看，当人们进入中老年时，听觉、视觉、体力、记忆能力等都随着各种身体功能的下降而下降。因此，他们非常需要可以正常使用而不花费太多体力和脑力，并且可以适当增加提醒或辅助记忆功能的产品。

7.1.2.2 绿色舒适智能化产品设计实例

无水箱坐便器的诞生，意味着绿色设计的发展创新理念受到重视。无水箱坐便器，在近年发展节水技术的基础上不断升级，图7-1所示为卡丽智能坐便器。新国标的节水坐便器冲水量为6升，无水箱坐便器大冲水量降到2.3升，小冲水量只有1.6升。无水箱坐便器不仅节约水资源，也节省了制造储水箱产生的材料耗费。同时，坐便器底座和排污管道在制作材料上选用多层烤漆技术，减少了污渍残留、管道堵塞等情况的发生，降低了坐便器堵塞清洗带来的不便。此外，无水箱坐便器多数为可拆卸设计，从而有助于延长产品的使用寿命，降低能源消耗，减少环境污染。

图7-1　卡丽智能坐便器

7.1.2.3 绿色舒适智能化产品设计的新路径

（1）面向智能化产品方案环节，引入绿色舒适智能化产品的设计理念。绿色智能化产品设计中，产品方案设计是非常关键的内容，方案设计的首要环节主要包括绿色智能化产品主体结构设计、绿色智能化产品外观设计等。在具体的设计中应该遵循绿色以及智能化理念，通过主体结构的设计实现绿色智能化产品系统的节能要求。

在绿色智能化产品系统方案设计过程中，应该针对系统的主体结构设计进行优化，其中包括产品各零件之间的性能搭配、空间设计是否协调合理，整个系统中各部分的结构关系等多方面环节是否科学，尽量提高产品系统设计中的绿色性以及智能性。以西门子"数字化双胞胎综合方案"为例，该方案重新定义了"端到端"的过程，帮助客户实现产品开发和生产规划的虚拟环境与实际生产系统、产品性能之间的闭环连接，实现产品绿色化水平的定量分析和持续优化，产品开发效率大幅提升，降低了生产和维护成本。该方案目前已在汽车、电子等行业推广应用。

（2）面向智能化产品生命周期进行绿色舒适设计评估。在该设计情景下，智能制造企业须考虑产品全生命周期各个阶段的绿色性，包括产品原材料获取、生产、使用、回收处置全过程。其中，除产品使用之外的其他过程都是一旦设计完毕，则其绿色性也就为固定数值，由固定供应链成员所负责或所承受。产品设计实施当中，材料的选择应用极为关键，直接关系到产品的环保性以及功耗节能性。在绿色舒适智能化产品材料的选用设计中，应该完成绿色材料实施应用以及节能材料设计应用两种。

产品生产过程中应该应用绿色材料，绿色材料是当前产品系统设计应用过程中的关键环节，能有效提升产品设计中的整体绿色性。另外，绿色智能化产品设计中，应该设计使用节能材料，最大限度地减少能源的浪费。

（3）面向智能化产品的回收环节进行可拆卸设计。产品的可拆卸性设计在传统的产品设计中，通常考虑产品零部件的可装配性，而很少考虑产品的可拆卸性，这显然不利于后续的维修和产品废弃后的回收处理。因此，产品的可拆卸性是产品可回收性的一个重要条件，直接影响着产品的可回收再生性，于是面向拆卸的设计应运而生。基于这样的思想，可拆卸设计应着重考虑以下方面：制造过程，尽量减少连接件；包装运输过程，尽量模块化设计，以减少产品运输体积；使用过程，通过拆卸零部件可以重复利用，通过拆卸满足用户多种需求；回收过程，零部件以及材料易于分离。

7.2　绿色舒适适老化产品设计

7.2.1　适老化产品发展现状

在未来的近半个世纪中，老年人口将一直呈迅速增长的趋势，老年产业已经展现出前所未有的发展机遇。同时，随着物质文化和生活水平的不断提高，老年人群的消费需求越来越丰富，从电视购物到夕阳红旅行团，"银发事业"的浪潮风起云涌。

适老化产品设计是以老年人为核心，强调以老年人为中心的设计。从设计的创新角度出发，考量老年人生理和心理特征，满足老年用户在产品

143

设计和其他设施设计上的需求，从而更好地发挥为老年人服务的作用。部分发达国家的老龄产品和服务市场起步比较早，国家社会保障体系较为完善，为老年人的生活提供了重要的保障。"通用设计""包容性设计""设计为人人"等设计理念，广泛运用于公共设施与社区场所、居住与日常用品等设计实践，在适老化产品和服务设计方面积累了丰富的经验。中国在"银色经济"的驱动下，适老化产品设计愈加引起社会大众以及学者的关注，各大企业争相进军养老产业，极大地丰富了老年产业市场。现有适老化产品设计中，着重强调老人的弱势地位，从老年人的生活需求以及情感需求等方面进行设计，并融入"智能"和"高科技"，普及到衣、食、住、行各个方面，全方位为养老事业贡献力量。以下分别对生活辅助类、休闲娱乐类以及学习养生类典型适老化产品类进行分析。

7.2.1.1 生活辅助类

市场上的适老辅助产品可分为医疗康复产品、家居用品、交通工具。医疗康复产品包含医用设备和辅具（康复器械），家居用品包含智能管家、可穿戴设备和其他日常生活需要的用品，交通工具包含电动代步车、拐杖和轮椅等。

人步入老年阶段后，生理机能开始出现老化现象，逐渐需要一些贴近老年人需求的辅助用具，帮助其更好地自理或者是康复练习，如图7-2是一种新型康复健身轮椅。针对老年人而言，大多数乘坐轮椅的并不是下肢残缺，只是身体机能衰退，行走不便。此时需要增加下肢活动才有益于健康，而使用普通轮椅，只能让下肢更缺乏运动，长期静坐，会使得下肢血液不通，出现各种症状，如肌肉萎缩、坏死、瘫痪等。此款新型康复健身轮椅在传统轮椅功能的基础上增加了健身、康复的功能，能够使患者进行下肢活动，从而达到健身康复的目的。产品符合老年人人体工程学，重视人机体验，力求最大程度上降低产品的操作难度；同时，使用环保材料，易拆卸可回收，是一款值得借鉴的产品。

7.2.1.2 休闲娱乐类

随着人们养老观念的改变和人均寿命的提高，老年人逐渐开始重视健康、快乐、充实的生活质量。现有娱乐产品包括老年人游戏、运动、玩具、通信等方面。由广州美术学院设计的放大镜微距相机，如图7-3所示，是一款针对爱好摄影的老年人而设计的相机，造型酷似放大镜，可通过镜片进行调焦拍照和放大观察，还可以连接电脑，实现PC端的照片浏览及打印，极大地丰富了产品功能和老年人拍照的乐趣。

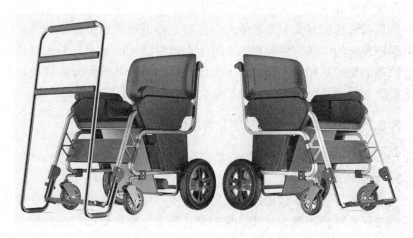

图 7 - 2　新型康复健身轮椅

图 7 - 3　放大镜微距相机

7.2.1.3　学习养生类

这类产品以提供学习内容为主，旨在丰富老年人的养老知识和拓展兴趣爱好，促进老年人在闲暇生活中健康养老，例如老年大学、老年网络大学、养生培训、老年人网站等服务机构和终端平台。老年大学协会力推开展"线上直播教学"平台，里面含有权威专家的主讲视频、典籍的原文朗读以及运动、棋牌、文化、钢琴、食谱、太极等相关内容，老年人可通过自主付费的形式进行网络在线学习。作为集教学、交流、展示等于一体的适老化软件，其为老年人体验互联网红利，感受现代生活带来方便。

综合以上几种类型的适老化产品可知，生活辅助类产品主要以辅助老年人日常生活需要，关注老年人健康为主，偏向于"被照护"的老年群体；休闲娱乐类产品主要以精神慰藉为主，通过健身运动和益智、竞技类玩具等，可以加强老年人与外界交流，促使老年人保持健康的身体状态。养生学习类，这种网络平台端或实体机构等学习方式，比较倾向于经济能力较强或兴趣爱好比较强烈的老年群体。

就目前市场而言，考虑老年人生理和心理健康的产品逐渐增多。随着环境保护理念的增强，结合现代人对于人机舒适度的要求，引入绿色舒适概念的适老化产品相对比较少，作为设计师，应该对这部分人群进行相应需求调研，以此开发适当的老年产品，促进全民绿色健康舒适养老。

7.2.2　绿色舒适产品的适老化发展

7.2.2.1　绿色舒适产品的适老化设计原则

1. 功能适度原则

功能上的加法并不总是能带来良好的用户体验，适当的简化反而更容易改善老年人在使用智能化产品时的交互感受。简单适度的功能设置可以帮助老年人更容易地认识和操作产品，并减少记忆和操作负担，在无障碍使用核心功能的基础上，还可根据老年用户的特点适度提供其他使用功能，系统地改善使用体验才是更重要的问题。

2. 易用性原则

考虑老年人的生活习惯和社会背景，尽量使用符合老年人操作习惯的交互方式，简化操作程序，多使用形象化视觉语言和反射式操作，保证产品容易使用，易于上手，充分考虑容错性，减少使用时可能产生的理解和使用障碍。

3. 延续性原则

智能化产品作为新生事物，老年人接触时间短，往往会以旧有的经验理解智能化产品。他们对于传统的操作模式接受度更高，而比较缺乏对新事物的探索兴趣和耐心，因此考虑老年人生活的时代背景，延续传统产品的使用体验和操作方式，更容易引起老年人的联想和共情，促使他们更加快速地接受智能化产品的使用方式。

4. 人文关怀原则

适老化智能养老产品不仅要提供安全、易用的核心功能和操作模式，还必须考虑老年人的心理需求和情感体验。如何在使用方式上提供情感关怀和交流功能，也是智能化产品设计的重要因素。关注老年人的用户体验，做到以"老人为本"，体现人文关怀。

7.2.2.2　绿色舒适适老化产品设计实例

如图 7-4 所示，明基 nScreen i91 上网一体机是一款专为老年用户设计的一体式个人电脑，正面设计简洁，摈弃了诸多设置调节按钮和光驱等功能，开机按键和声音按钮合二为一，使用旋转的操作方式调节音量，与传统的收音机开关音量操作方式一致，可唤起老人使用旧时收音机的体验，缩短学习使用方法的时间，对于老年群体来说接受度更高。同时，为了满足在产品的整个生命周期内都围绕绿色设计的理念，其使用的材料是可回收材料，从而减少了对环境产生的不良影响。同时为了提高回收利用的效率，在材料选择时减少了材料的种类，采用金属和塑料进行搭配。

图 7 - 4　明基 nScreen i91 上网一体机

7.2.2.3　绿色舒适适老化产品设计的新路径

1. 感官适老

随着年龄的增长、身体机能的下降，老人在视觉、听觉、触觉上都会感受到自身的衰老，一些年轻时做起来轻而易举的事情，会变得无比困难。产品使用中的这部分经历对大部分老人尤其是初老老人，以及自我尊严感要求比较高的老人是极不好的用户体验。数字产品需要做到理解老人身体机能发生的变化，并作出一些适老的调整，让"衰老体验"变得更加柔和。

针对感官适老，产品设计时应注意以下方面：一些重要信息应尽量清晰，字体工整易读；避免在一些重要信息上使用蓝、绿色，尤其是在背景对比度低的情况下；视频类产品，如果是面向老人，一些重要信息需要延长停留时间。

2. 情感适老

由于生理老化、社会角色改变、社会交往减少以及心理机能变化等主客观原因，老年人经常会产生消极情绪体验和反应，如紧张害怕、孤独寂寞、无用失落以及抑郁焦虑等。需要设计师有充分的同理心，能够理解老人的情感处境，通过智能化产品设计给予他们更多的慰藉与温暖。比起感官上的适老设计，情感上的适老更不易把握，如果不能合理设计规划，数字化、智能化所发挥的作用也是有限的。

针对老人的情感适老，产品设计时应注意以下方面：促成老年人与更重要的人之间的小团体的连接，而不是一个巨大的、无差别的社交网络；鼓励亲人参与老人对数字产品的学习，比如腾讯应用宝的长辈关怀功能，可以让子女在异地也能一键帮助父母解决手机难题；对于老年人的孤独问题要保持敏感，及时回应需求，比如散步打卡，通过信息反馈，让个人与产品之间建立情感联系。

3. 机能适老

随着年龄的增长，老年人在感官能力、身体机能逐渐衰退的同时，看待世界的视角和心态也会发生变化。然而，产品设计往往不需要面面俱到，而是给老人一定的学习机会，方法得当，老年人可以融入信息社会中。学术研究发现，老年人在注意力持续时间、坚持度和集中彻底度上表现优秀，有95%的老年人做事情能"有条不紊"。但是老年人在执行多任务操作时，注意力会比年轻人更难集中。当注意力难以集中却需要作出决策时，老年人对此前做过的决策更有安全感。因此在产品设计当中，针对老年人注意力的设计可以遵循以下原则：无须避免使用长文和深度内容；在显示重要信息时，可避免多任务分散老年人的注意力；对于一些常用决策，可以适当提高"快捷访问之前的选择"的逻辑优先级。

基于此，可以得出设计指南：不要对用户的知识储备作任何假定；注意某些功能是否假定用户是年轻人，比如一些车险订购单上让用户填写自己的第一辆车，但可能对老年人来讲是太遥远的记忆；鼓励用户通过自然行为来完成任务，如微信"摇一摇"、微博"吹一吹"功能都是比较典型的自然行为倾向设计。

附录：问卷Ⅰ小型汽车驾驶座椅需求调查表

　　尊敬的用户，您好！为了更好地设计小型汽车驾驶座椅，使其具备更好的性能，特别拟定此问卷，希望能够得到您的支持。下表的内容描述了座椅的基础功能需求、人机需求与环境（绿色）需求要素，请您根据对此类产品的需求，进行各要素的重要度评分。其中，重要度分为5个等级，分别是：极不重要1分、不重要2分、一般3分、重要4分、极为重要5分，请在对应的选项下方打"√"，感谢您的支持与配合！

重要程度	极不重要	不重要	一般	重要	极为重要
评级	1	2	3	4	5

人机需求要素	1	2	3	4	5
1. 材质接触舒适					
2. 结构稳定					
3. 符合使用习惯					
4. 四肢操作舒适					
5. 色彩搭配合理					
6. 形态人性化					
7. 自动化					
8. 安全健康					
环境需求要素	1	2	3	4	5
1. 可回收					
2. 可拆卸					
3. 工艺绿色					
4. 维护快捷					
5. 制造技术先进					

	1	2	3	4	5
6. 零部件可替换					
7. 耐久性强					
8. 易于清洁					
9. 材料环保					
10. 运输的经济性					
11. 使用维护的成本					
基本功能需求要素	1	2	3	4	5
1. 载荷力强					
2. 功能易用					
3. 价格合理					
4. 流行时尚					
5. 有文化特征					
6. 色彩搭配					
7. 造型优美					
8. 工艺精良					
9. 结构精妙					

参 考 文 献

［1］李乐山. 工业设计思想基础［M］. 北京：中国建筑工业出版社, 2001.

［2］刘志峰, 刘光复. 绿色设计［M］. 北京：机械工业出版社, 1999.

［3］刘光复, 刘志峰, 李钢. 绿色设计与绿色制造［M］. 北京：机械工业出版社, 2000.

［4］王秀峰. 绿色材料［J］. 科技导报, 1994（9）：44-45.

［5］Raja Chowdhury, Defne Apul, Tim Fry. A life cycle based environmental impacts assessment of construction materials used in road construction［J］. Resources, Conservation & Recycling, 2009, 54（4）：250-255.

［6］顾新建, 顾复. 产品生命周期设计——中国制造绿色发展的必由之路［M］. 北京：机械工业出版社, 2017.

［7］丁玉兰. 人机工程学［M］. 北京：北京理工大学出版社, 2017.

［8］罗仕鉴, 孙守迁, 唐明晰, 等. 计算机辅助人机工程设计研究［J］. 浙江大学学报（工学版）, 2005（6）：805-809, 829.

［9］李昶, 王小平, 余隋怀, 等. 面向家电产品的人机工程设计与检测技术研究［J］. 现代制造工程, 2011（1）：97-101.

［10］袁树植, 高虹霓, 王崴, 等. 基于感性工学的人机界面多意象评价［J］. 工程设计学报, 2017, 24（5）：523-529.

［11］祁丽霞. 农业装备人机操作界面评价计算方法研究［J］. 中国农业大学学报, 2014, 19（5）：192-196.

［12］颜声远, 张志俭, 彭敏俊, 等. 人机界面设计评价的实时交互方法［J］. 哈尔滨工程大学学报, 2005, 26（2）：189-191.

［13］秦沛阳. 基于CATIA的舰载显控台人机工程研究［J］. 机械设计, 2017, 34（10）：105-109.

［14］章勇, 徐伯初, 支锦亦, 等. 高速列车旋转座椅的人机工程改进

设计［J］. 机械设计，2016，33（8）：109-112.

［15］Federica Caffaro，Margherita Micheletti Cremasco，Christian Preti，Eugenio Cavallo. Ergonomic analysis of the effects of a telehandler's active suspended cab on whole body vibration level and operator comfort［J］. International Journal of Industrial Ergonomics，2016（53）19-26.

［16］刘森海，李松涛，曹树魏，等. 重型商用车驾驶室人机工程优化分析［J］. 图学学报，2017，38（4）：509-515.

［17］汪洋，余隋怀，杨延璞. 基于 QFD 和 AHP 的飞机客舱内环境人机系统评价［J］. 航空制造技术，2013（8）：86-91.

［18］金芳晓，谢叻. 基于虚拟现实的人机工程 MTM 和 NIOSH 方法研究［J］. 江西师范大学学报（自然科学版），2017，41（4）：338-343.

［19］赵曦. 人机工程学在交互媒体界面设计中的应用［D］. 北京：北京工业大学，2014.

［20］（日）黑川纪章.《新共生思想》［M］. 覃力，杨熹微，慕春暖等，译. 北京：中国建筑工业出版社，2009.

［21］吴飞驰. "万物一体"新诠——基于共生哲学的新透视［J］. 中国哲学史，2002（2）：29-34.

［22］李思强. 共生构建说论纲［M］. 北京：中国社会科学出版社，2004.

［23］徐大伟，王子彦，谢彩霞. 工业共生体的企业链接关系的分析比较——以丹麦卡伦堡工业共生体为例［J］. 工业技术经济，2005（01）：63-66.

［24］胡晓鹏. 产业共生：理论界定及其内在机理［J］. 中国工业经济，2008（9）：118-128.

［25］王兆华，尹建华. 生态工业园中工业共生网络运作模式研究［J］. 中国软科学，2005（2）：80-85.

［26］张智光. 绿色供应链视角下的林纸一体化共生机制［J］. 林业科学，2011，47（2）：111-117.

［27］赵红，陈绍愿，陈荣秋. 生态智慧型企业共生体行为方式及其共生经济效益［J］. 中国管理科学，2004（6）：130-136.

［28］卜华白，刘沛林. 群簇企业"共生进化"的途径研究［J］. 生产力研究，2005（10）：231-233.

［29］冯德连. 中小企业与大企业共生模式的分析［J］. 财经研究，2000（6）：35-42.

［30］袁纯清．共生理论：兼论小型经济［M］．北京：经济科学出版社，1998.

［31］费孝通．乡土中国［M］．北京：生活·读书·新知三联书店，2013.

［32］刘荣增．共生理论及其在构建和谐社会中的运用［J］．中国市场，2006（Z3）：126-127.

［33］张永缜，张晓霞．共生价值观与构建和谐社会［J］．理论导刊，2007（10）：54-56.

［34］Basri Bazil, Griffin Michael J. The vibration of inclined backrests：perception and discomfort of vibration applied parallel to the back in the z-axis of the body［J］. Ergonomics, 2011, 54（12）：1214-1227.

［35］Giuseppe Andreoni, Giorgio C. Santambrogio, Marco Rabuffetti. Method for the analysis of posture and interface pressure of car drivers. Applied［J］. Ergonomics. 2002（33）：511-522.

［36］张芳兰，杨明朗，刘卫东．基于 QFD 的汽车造型设计特性优先度评价方法［J］．包装工程，2014，35（24）：59-62.

［37］张宁，李亚军，段齐骏，等．面向老年俯身作业的人机工程舒适性设计［J］．浙江大学学报（工学版），2017，51（1）：95-10.

［38］李珺，廖诗慧，商艺娟．儿童摇摇车安全性与舒适性的改进设计［J］．包装工程，2018，39（2）：170-173.

［39］井绍平，陶宇红．基于消费者需求视角的产品绿色化创新路径［J］．河北大学学报（哲学社会科学版），2013，38（04）：125-129.

［40］薛生辉，薛生健，臧勇．谈包装的设计之"度"［J］．包装工程，2015，36（18）：33-36.

［41］于东玖，喻红艳．基于适度原则的童车可持续设计研究［J］．包装工程，2017，38（10）：137-140.

［42］吴斌．产品需求设计的研究［D］．北京：北京航空航天大学，2001.

［43］董仲元，蒋克铸．设计方法学［M］．北京：高等教育出版社，1991.

［44］郭伟祥．绿色产品概念设计过程与方法研究［D］．合肥：合肥工业大学，2005.

［45］张青山，邹华，马军．制造业绿色产品评价体系［M］．北京：电子工业出版社，2009.

[46] 文丁丹. 环境友好型产品人机形态研究 [D]. 合肥: 合肥工业大学, 2016.

[47] 李公法, 孔建益, 杨金堂, 等. 机电产品的绿色设计与制造及其发展趋势 [J]. 机械设计与制造, 2006 (6): 170-172.

[48] 张雷. 大规模定制模式下产品绿色设计方法研究 [D]. 合肥: 合肥工业大学, 2007.

[49] 李乐山. 设计调查 [M]. 北京: 中国建筑工业出版社, 2007.

[50] 卞本羊. 基于知识重用的绿色产品客户需求处理与转换方法研究 [D]. 合肥: 合肥工业大学, 2014.

[51] 刘志峰, 张福龙, 张雷, 等. 面向客户需求的绿色创新设计研究 [J]. 机械设计与研究, 2008, 24 (1): 6-10.

[52] 戚赟徽. 面向能源节约的产品绿色设计理论与方法研究 [D]. 合肥: 合肥工业大学, 2006.

[53] 徐蔼婷. 德尔菲法的应用及其难点 [J]. 中国统计, 2006 (9): 57-59.

[54] 郝迎霞, 颜忠诚. 浅谈生物共生现象的分类 [J]. 生物学通报, 2012, 47 (11): 14-17.

[55] 向前. "生物共生" 理论及其在实践上的意义 [J]. 湖南第一师范学院学报, 2004, 4 (4): 89-91.

[56] 王乃静, 刘庆尚, 赵耀文. 价值工程概论 [M]. 北京: 经济科学出版社, 2006.

[57] 王新, 谭建荣, 孙卫红. 基于实例的需求产品配置技术研究 [J]. 中国机械工程, 2006, 17 (2): 146-151.

[58] 骆磊. 工业产品形态人机设计理论方法研究 [D]. 西安: 西北工业大学, 2006.

[59] 马剑鸿. 产品人机形态设计研究 [D]. 成都: 四川大学, 2006.

[60] 刘肖健, 余隋怀, 陆长德. 产品复杂曲面人机工程学设计研究 [J]. 计算机应用研究, 2004, 21 (12): 36-38.

[61] 刘肖健, 李桂琴, 景韶宇, 等. 基于遗传算法的产品人机 CAD 研究 [J]. 计算机工程与应用, 2003, 39 (33): 35-37, 105.

[62] 马剑鸿, 杨随先, 李彦. 基于遗传算法的产品人机形态设计研究 [J]. 现代制造工程, 2006 (3): 10-13.

[63] Wassim El Falou, Jacques D, Michel G, et al. Evaluation of driver discomfort during long-duration car driving [J]. Applied Ergonomics, 2003,

34（3）：249-255.

［64］J M Porter, D E Gyi, H A Tait. Interface pressure data and the prediction of driver discomfort in road trials［J］. Applied Ergonomics, 2003, 34（3）：207-214.

［65］Mike Kolich. Automobile seat comfort：occupant preferences vs. anthropometric accommodation［J］. Applied Ergonomics, 2003, 34（2）.

［66］Margarita Vergara, Alvaro Page. Relationship between comfort and back posture and mobility in sitting-posture［J］. Applied Ergonomics, 2002, 33（1）：1-8.

［67］文雅. 基于人机形态的汽车座椅舒适性研究［D］. 合肥：合肥工业大学, 2015.

［68］钟柳华, 孟正华, 练朝春. 汽车座椅设计与制造［M］. 北京：国防工业出版社, 2015.

［69］王恒. 基于CATIA的轿车座椅参数化设计及结构安全性分析［D］. 扬州：扬州大学, 2011.

［70］徐晓亮. 基于QFD与TRIZ理论的人机工程设计［D］. 合肥：合肥工业大学, 2008.

［71］邵家骏. 质量功能展开［M］. 北京：机械工业出版社, 2004.

［72］刘训涛, 曹贺, 陈国晶. TRIZ理论及应用［M］. 北京：北京大学出版社, 2011.

［73］赵燕伟, 洪欢欢, 周建强, 等. 产品低碳设计研究综述与展望［J］. 计算机集成制造系统, 2013, 19（5）：897-908.

［74］赵志强, 韩雪飞, 陈世杰, 等. 基于LCA和TRIZ的产品生态设计方法研究［J］. 合肥工业大学学报（自然科学版）, 2013, 36（1）：11-14.

后　记

本质上来说，人的需求的不断变化和发展是"人机-环境"问题产生的根本原因。历史的经验告诉我们，单独地发展人机需求设计，不考虑自然环境的压力以及需求，肯定会走入"需求—满足—需求—满足"的浪费怪圈，使得资源环境更加恶化，不利于人类的可持续发展；反过来，如果人类社会的需求都采用绿色设计的范式，资源环境的问题是解决了，可是忽略了人的舒适、安全的体验和感受，难免会使人的需求得不到满足，重蹈以机器为中心的覆辙，显然这些都不是最合适的解决办法。

设计的系统是复杂的、模糊的、多变的，由于笔者的水平限制，只是初步构建解决问题的框架，书中尚有许多没能深入解决的问题。在今后的研究工作中，需要继续探讨的问题如下所列。

（1）随着社会的变迁，人的需求会不断更新，需求层次越高，问题的复杂度也会越高。本书中共生模型和参数的选取应该考虑更多的影响要素，需要进一步完善，以达到动态的平衡。

（2）书中利用微分方程构建的共生系统模型，考虑的影响因素尚不足，目前只能进行粗略的判断，今后可以用更加复杂的数学模型构建，同时改进共生矩阵的量化过程，使得结论更加充分。

（3）绿色舒适产品的评价系统需要进一步优化，目前只能进行初步的对比研究。

另外，随着工程伦理研究的推进，设计伦理的体系也在逐步形成，其后的产品研究可以纳入设计伦理的范畴，产品设计系统将会更加完善、充实。